煤层水力压裂裂缝起裂扩展机理

李玉伟　著

中国石化出版社

图书在版编目(CIP)数据

煤层水力压裂裂缝起裂扩展机理 / 李玉伟著 .—北京：中国石化出版社，2022.3
ISBN 978-7-5114-6608-2

Ⅰ. ①煤… Ⅱ. ①李… Ⅲ. ①煤层-水力压裂-起裂-研究 Ⅳ. ①TD823.2

中国版本图书馆 CIP 数据核字(2022)第 039333 号

中国石化出版社出版发行

地址:北京市东城区安定门外大街 58 号
邮编:100011　电话:(010)57512500
发行部电话:(010)57512575
http://www.sinopec-press.com
E-mail:press@sinopec.com
北京力信诚印刷有限公司印刷
全国各地新华书店经销

*

710×1000 毫米 16 开本 8.5 印张 159 千字
2022 年 3 月第 1 版　2022 年 3 月第 1 次印刷
定价:46.00 元

【自序】

在“双碳”大背景下，煤层气作为未来清洁接替能源，其高效开发对能源和经济发展的作用不容忽视。水力压裂作为煤层气开采最为有效的技术手段，已在国内外数十年的应用中得到验证。本书从煤岩基本力学特性、煤岩压裂的裂缝起裂机理以及裂缝扩展的模拟方法3个方面系统地研究了煤层水力压裂的岩石致裂机理。全书共6章，第1章对全球煤层气开发技术现状与煤层水力压裂机理研究现状进行了概述，使读者对煤层气开发背景有初步的了解。第2章研究从煤岩特有的孔—裂隙结构入手，对煤中裂隙进行了详细的分类，并从割理密度、割理连通性与割理发育程度3个方面建立煤层割理评价指标。第3章针对煤岩较强的塑性特征，将煤岩受荷载过程应力—应变关系的损伤本构模型与破坏过程的能量释放理论结合，提出了一套全新的煤脆性理论评价方法。第4章在考虑煤岩割理影响下，建立裸眼完井裂缝起裂模型与射孔完井起裂模型，并通过煤层定向井井周应力分析，建立水力压裂非井壁起裂模型，明确了煤层水力压裂的起裂机理。第5章主要研究煤层水力裂缝扩展机理，采用理论建模和煤岩压裂物理模拟实验等技术手段，给出煤层压裂缝网形成条件力学条件，明确应力差对煤层裂缝扩展形态的影响，建立了煤层水力压裂缝高模型及“T”形裂缝扩展模型。第6章采用位移不连续方法，开展煤层压裂裂缝扩展机理的数值模拟研究，全面分析了地层参数与施工参数对煤层中水力裂缝扩展的影响。

本书在补充以往研究不足的同时，自身也会存在错误之处，希望能够得到各位读者的批评与指正！

本书所收录的研究成果，曾得到国家自然科学基金、黑龙江省优秀青年科学基金和中国博士后科学基金等项目的资助。另外，在本书的撰写过程中得到呼布钦博士和丛子渊博士等人的帮助，在此深表感谢！

李玉伟

2022 年 2 月于沈阳

【目录】

1　煤层水力压裂开发现状

1.1　全球煤层气资源分布与各国煤层气产量情况

碳达峰、碳中和目标的实现对世界各国能源结构调整的要求日益紧迫。煤层气作为一种优质清洁能源，其开发和利用逐步得到各煤层气资源国的重视，已有 30 多个国家实现了煤层气的工业化开采，图 1.1 是全球煤层气资源分布情况，其中俄罗斯、美国、中国、澳大利亚与加拿大的资源储量占全球总量的 80%，中国埋深小于 2000m 的煤层气地质资源量为 $29.82\times10^{12}m^3$，可采资源量为 $12.51\times10^{12}m^3$（见图 1.2），约占全球总量的 13.7%，位居世界第三，具有很好的开发潜力。

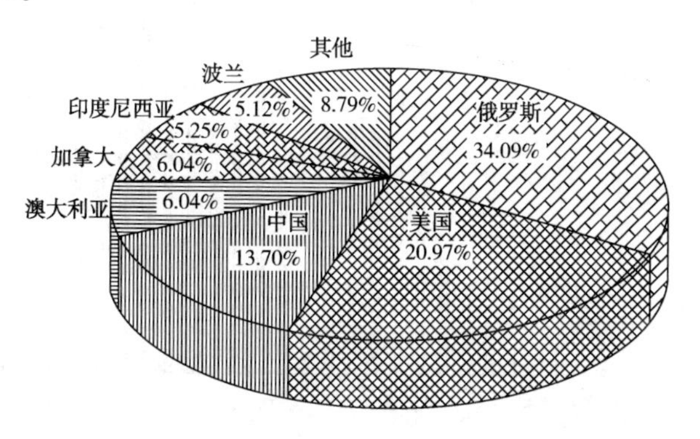

图 1.1　全球煤层气资源分布量情况

图 1.3 是世界主要煤层气生产国的产量变化情况。煤层气实现工业化开发以来，美国煤层气产量一直处于世界领先地位，2008 年全球金融危机与油价下跌前，美国的煤层气产量达到顶峰，之后伴随页岩气产能的增加，煤层气产量逐渐递减，2019 年产量已经递减至约 $257\times10^8m^3$。澳大利亚通过技术革新将煤层气转化为液化天然气向东亚国家出口，直接促进了煤层气产量的提升，使 2016 年澳大利亚煤层气产量超越美国成为世界第一大煤层气生产国，并在 2018 年实现煤层气产量 $393\times10^8m^3$。

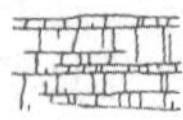

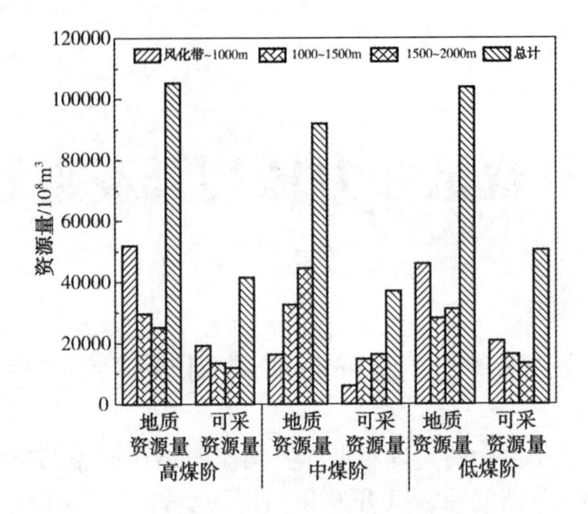

图 1.2　国内不同煤阶煤层气埋深分布

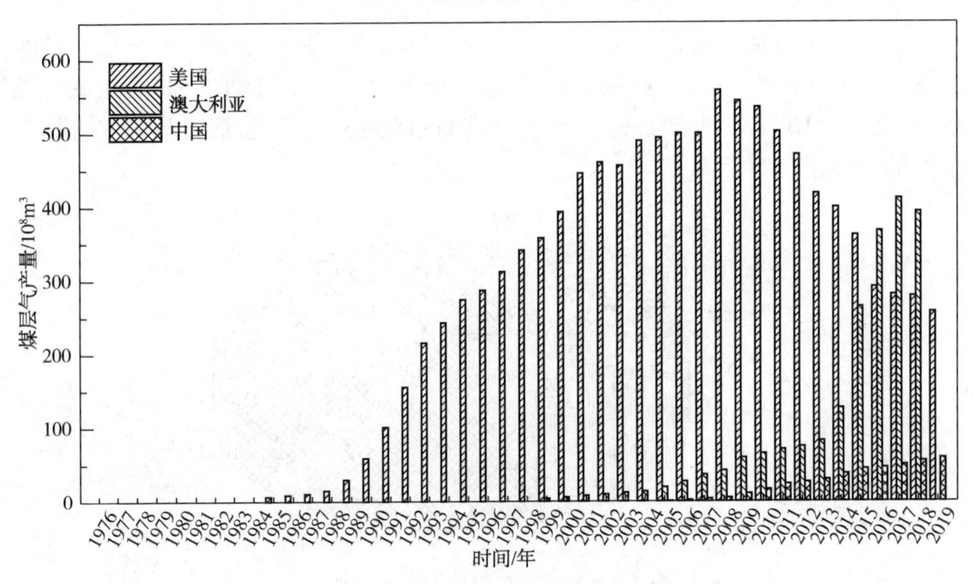

图 1.3　中国、美国与澳大利亚煤层气产量对比

中国煤层气开发技术起步较晚，通过不断学习引进国外煤层气开发技术经验，在 2004~2015 年间实现了煤层气产量的快速增长。但相比美国和澳大利亚等煤层气产量大国，仍存在较大差距。近年受世界经济疲软、国际油价走低及开发效果未达预期等因素的影响，中国煤层气产量增速放缓，目前已进入关键的调整时期。在碳减排的大背景下，中国能源结构调整需求迫切，煤层气作为未来清洁接替能源，其开发和开采对能源和经济发展的作用不容忽视。

1.2 国内外煤层气开发技术现状

煤层气与常规石油天然气不同，它主要以吸附状态赋存于煤岩基质孔隙内表面，只有很少量的气体以游离形式存在于煤岩割理和天然裂缝系统中(见图1.4)，所以煤层气开发和开采的关键是使吸附状态的煤层气体解吸释放出来。

在各国煤层气工业发展过程中，针对煤层气的特性也逐渐形成了一系列开发工艺技术，如洞穴完井技术、多分支水平井完井技术、“U”形水平井技术以及煤层压裂技术等。

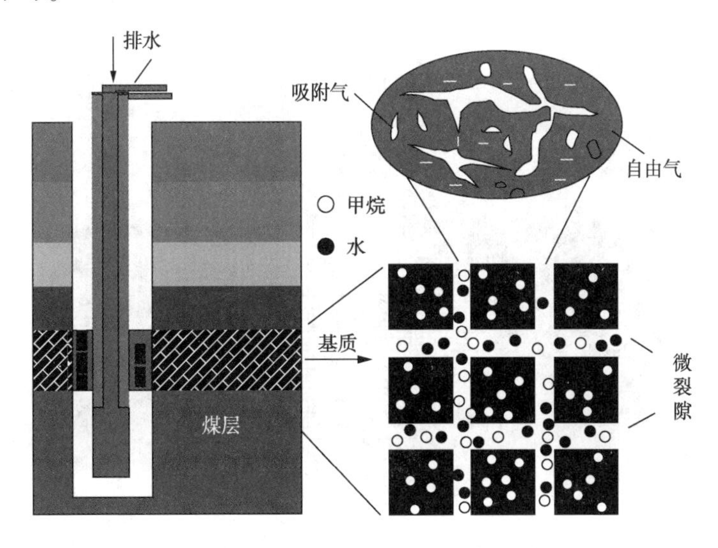

图1.4 煤储层基质中甲烷运移方式

1.2.1 煤层裸眼洞穴完井技术

煤层裸眼洞穴完井技术的原理是通过空气压缩机向井内加压，再突然释放压力使井底煤层坍塌，经过反复多次加压和释放在井底形成洞穴。在洞穴以外的煤层会发生张性破裂和剪切破裂，形成一定范围的破碎带，使原始微裂缝相互沟通，增加煤层气的运移通道(见图1.5)。

裸眼洞穴完井技术相较于水力压裂增产技术有以下优势：

(1) 水力压裂施工过程中注入的流体加剧了煤层的伤害；而造穴时，由于煤岩受到张性破坏和剪切破坏，增加了煤层内的微孔隙数量，从而降低了钻井液和固井液对煤层的伤害。

(2) 水力压裂裂缝在沿裂缝方向，由于煤岩张性破裂提高了地层的导流能力，而垂直裂缝方向处于压实状态，渗透率反而比原始渗透率有所下降；而造穴时，由于应力释放作用使原有裂隙增大，可以更加有效地提高渗透率。

(3) 水力压裂施工时，向煤层注入的流体会增加气体的扩散运移阻力；而造穴时，只有空气和少量水注入井筒内，并且水和空气很快就会被排出洞穴，所以进一步提高了气体的相对渗透率。

该技术在美国的圣胡安盆地取得了巨大成功，在澳大利亚的博文盆地和苏拉特盆地与中国沁水盆地也有广泛应用，实现了较好的开采效果。尽管裸眼洞穴完井技术与水力压裂增产技术相比具有一定的优势，但是该技术适用条件苛刻，对煤层上下围岩的力学强度有一定的要求，中国洞穴完井技术前期在淮南矿区与晋城矿区存在失败案例。

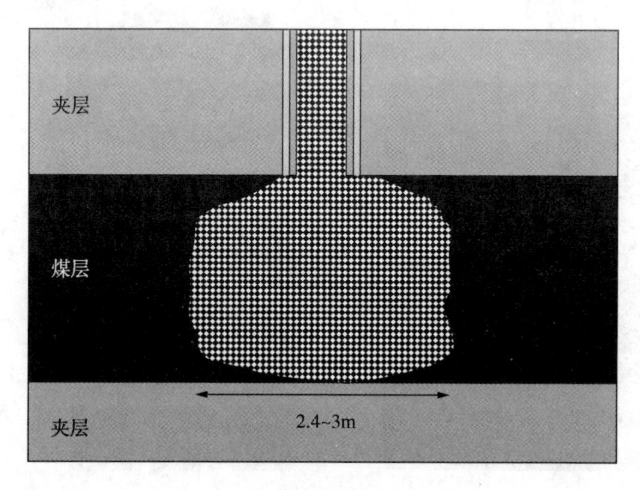

图 1.5　煤层裸眼洞穴完井示意图

1.2.2　煤层多分支水平井完井技术

煤层多分支水平井又称羽状水平井，是指一个或两个主水平井眼侧钻出多个分支井，能够穿越更多的煤层割理裂缝系统，最大程度地沟通裂缝通道，增加泄压面积，使更多的流体进入主流道，提高单井产量(见图 1.6)。

煤层多分支水平井主要有以下几点优势：

(1) 水平井内流体的流动阻力相对于裂缝流动阻力要小得多。多分支井在煤层中呈现网状分布，分支井眼与煤层割理相互交错，从而大大增加了流体的供给范围与裂隙的导流能力。

(2) 与裸眼洞穴完井技术相同，分支水平井完井方法避免了固井和水力压裂作业，有效地降低了开采施工对地层的伤害。

(3) 由于多分支水平井提高了采收率与单井产量，井场占地面积少是显而易见的，与相同抽排面积的直井相比，多分支水平井占地面积将少 2/3。

20 世纪初，美国公司将多分支水平井应用于煤层气开采，取得成功后迅速在美国和其他国家推广应用。2004 年，在国内物性条件较好的潘庄与樊庄区块早期开发中获得一定成功，但其他大部分区块效果欠佳，据当时中国石油华北油田公司数据统计，39.3%的水平井在钻进过程中发生了井筒坍塌与卡钻故障。

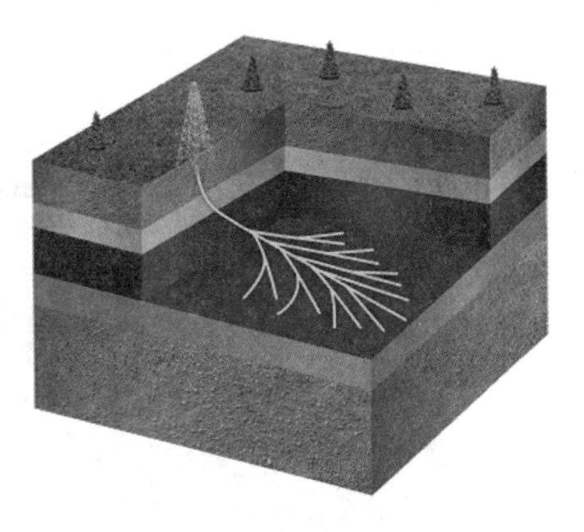

图 1.6　煤层多分支水平井示意图

实践证明，多分支水平井并不适用于任何地质条件的煤层，需要满足以下条件：首先需要煤层具有稳定的力学性质，煤层厚度大，能保证井眼尽量保持在煤层内；其次需要在断层少的区域进行钻进，防止井壁失稳；最后对储层的渗透率与储层压力也有一定要求。

1.2.3　煤层"U"形水平井技术

煤层"U"形水平井技术也称水平连通井技术，两口不同位置的水平井与直井、定向井与水平井、定向井与定向井或水平井与水平井，在同一目的层连通（见图 1.7）。"U"形水平井最早应用于开采食盐及盐卤的生产实践，由水平井段注入水，大量溶解盐类后，从带有空腔的直井排出。后来逐渐被引到煤层气开采领域。该技术主要有以下特点：

(1) "U"形水平井由水平井与直井构成，兼有水平井沟通割理与直井"点"状排采煤层气的特点。

(2) "U"形井需要两井连通、地质导向、欠平衡钻井等多种先进技术的支持，钻井难度大。

(3) 可以实现排水与采气同时进行。

(4) 水平井和直井两个井口可以任意选择，可以充分依靠倾斜地层的坡度，利用重力作用实现排水采气。

2004 年起，在山西柳林、和顺和陕西彬长、韩城等地区施工 20 多口"U"形水平井，部分地区取得成功，但也有失败的案例。根据"U"形水平井的特点与实际施工结果发现，"U"形水平井主要适用于中高煤阶、割理较为发育、含水量较高、具有一定倾角的厚煤层。

1.2.4　煤层压裂技术

水力压裂技术早在 1947 年就由 Hubhert 和 Willis 首次提出，并且在常规石油

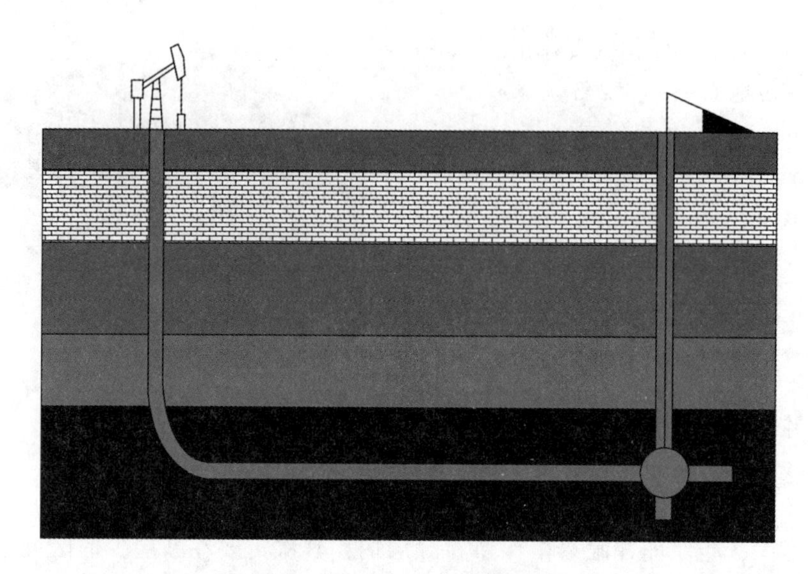

图 1.7　煤层“U”形水平井示意图

天然气的开采过程中取得巨大成功。煤层压裂技术最早是直接仿照常规油气田的开发方式，在圣胡安盆地和沃里尔煤田增产效果显著。但伴随着大量煤层气井水力压裂现场施工的进行，逐渐出现了一些与非煤岩石完全不同的施工现象，如施工压力异常升高、压裂液滤失严重与煤粉堵塞等。近年来，为解决煤层水力压裂施工出现的技术问题，煤层压裂技术逐步发展，形成了直井分层压裂、水力波及压裂、间接压裂、重复压裂、水平井分段压裂与脉动水力压裂等开采技术。

1.2.4.1　直井分层压裂技术

煤岩储层纵向上连续性较差，一般特征为煤层数量多，但多为薄层(<10m)，且煤层中间存在隔层，所以提高纵向储层的动用是单井增产的有效途径。在实际压裂施工中，若隔层厚度较小，且与储层地应力差也较小，采用多层合压就能达到效果；若隔层厚度较大，且储隔层间应力差大至控制住缝高延伸，这样就会造成合压效果较差，达不到高效增产的目的，需采用分层压裂工艺。目前在多分层压裂时，常采用填砂分层技术、桥塞分层技术以及封隔器分层技术。

1.2.4.2　水力波及压裂技术

水力波及压裂技术是通过对 2 口或多口相邻的煤层气直井同时压裂，尝试利用井间较强的应力干扰(见图 1.8)增大压裂液水力波及范围，促使人工裂缝转向并沟通煤岩中发育的面割理、端割理，形成复杂缝网，进而达到加快煤层气解吸、缩短煤层气渗流距离、减小煤层气渗流阻力的目的，实现煤层气产量提升。

水力波及压裂技术于 2015 年 9 月在沁南柿庄北区块的 4 口井进行了实验，并取得成功。根据微地震检测结果发现，压后都形成了沿主裂缝方向的缝网

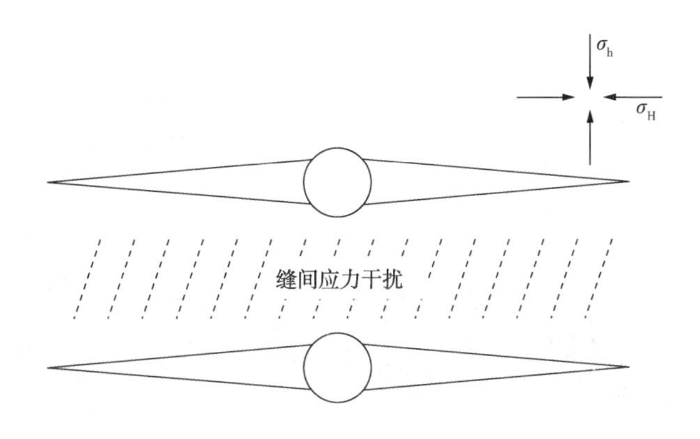

图 1.8 煤层直井水力波及压裂示意图
σ_h—最小水平主应力；σ_H—最大水平主应力

带，大幅增加了储层改造体积。在 2019 年，沁水盆地使用活性水进行常规水力压裂与小井组同步水力波及压裂施工 37 口井，首批投产的 21 口井日产气近 $1.5\times10^4 m^3$，增产效果显著。但由于煤层开发通常是丛式密集布井，难以避免出现“压窜”的风险，因此该技术对布井方式要求极高，并且诱导应力对软煤层的影响范围有限，所以该技术对软煤层的适用性需要进一步讨论。

1.2.4.3 间接压裂技术

间接压裂是指对煤层和顶板同时射孔压裂，使裂缝在顶板和煤层中延伸(见图 1.9)，减少煤粉产出，提高裂缝长度和延伸范围；通过水力压裂在煤层及其顶板中形成“高速通道”，使煤层水渗流进入顶板裂缝，再经裂缝流入井筒，增大压降面积，提高单井产气量。间接压裂可有效解决压裂施工过程中碎软低渗煤层易伤害、压裂液滤失量大、压裂裂缝延伸困难等难题，但对于厚煤层压裂施工复杂，效果不理想。

2013 年，间接压裂技术应用于鄂尔多斯盆地东南缘韩城区块 120 余口煤层气井，截至 2016 年 6 月累计新增产气量 $8\times10^7 m^3$。与常规煤层射孔压裂技术相比，间接压裂平均单井日产气量增产近 $1000m^3$，产生了巨大的经济效益。

1.2.4.4 重复压裂技术

在煤层气生产过程中，初次压开的裂缝由于支撑剂破碎及嵌入、煤粉颗粒堵塞和裂缝闭合等造成裂缝导流能力下降，促使裂缝失去增产效果，导致产量降低。重复压裂通过再次压裂施工，人工裂缝穿越井筒附近的污染带；通过填充支撑剂人工裂缝重新张开以及延伸原有裂缝系统，重新建立了井筒与储层及高孔隙压力区之间良好的渗流通道，形成高导流能力。或者由于应力场的改变形成新裂缝，沟通更大的面积，使煤层气井恢复生产能力。

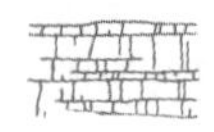

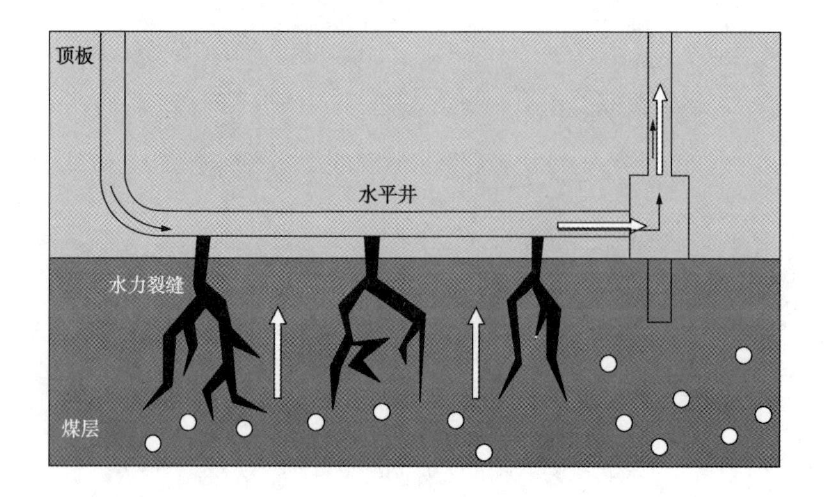

图 1.9　煤层间接压裂示意图

重复压裂技术应用于沁水以及鄂东两大煤层气示范工程区，取得了非常好的效果，实验井组在重复压裂后的产气量增长了 1.5 倍。

1.2.4.5　水平井分段压裂技术

多分支水平井与“U”形水平井都可以有效增加井筒与储层的接触面积、提高产量和最终的采收率，但由于国内煤层的渗透率普遍较低、渗流阻力大、连通性差，有时水平井的单井产能也较低，满足不了经济开发的要求。针对以上问题，为了提高单井产量和最终采收率，借鉴了致密气和页岩气的开采工艺，将水平井分段压裂工艺应用于煤层气开采。

分段压裂水平井相对于直井来说，具有单井控制面积大、导流能力强、单井产量高、抽采率高以及对地形、交通等适应性强的特点，能大范围地沟通煤层裂隙系统，从而大幅度提高单井产能与抽采率(见图 1.10)。水平井分段压裂技术具有极大的优越性，将垂直井或水平井与储层的点或线的接触变为单井多个面的排水降压，大大提高了单井泄流面积和导流能力。

1.2.4.6　脉动水力压裂技术

脉动压裂技术是一项基于常规水力压裂技术的新型煤层气开采技术，将压裂液以脉冲波的形式泵入地层，在地层中形成强烈的应力扰动区。在扰动应力的作用下，微裂缝持续形成，而天然裂缝在交变的载荷作用下逐渐相交和贯通，从而在煤层内部形成更为复杂的裂缝网络，有效增加泄压面积，降低气体渗流阻力，实现提高煤层气产能的目的。

脉动水力压裂技术主要解决了常规水力压裂的注水压力大、钻孔封孔难、压裂不易控制等难题。目前，脉动压裂技术已经在沁水煤田与松树镇煤矿进行了实

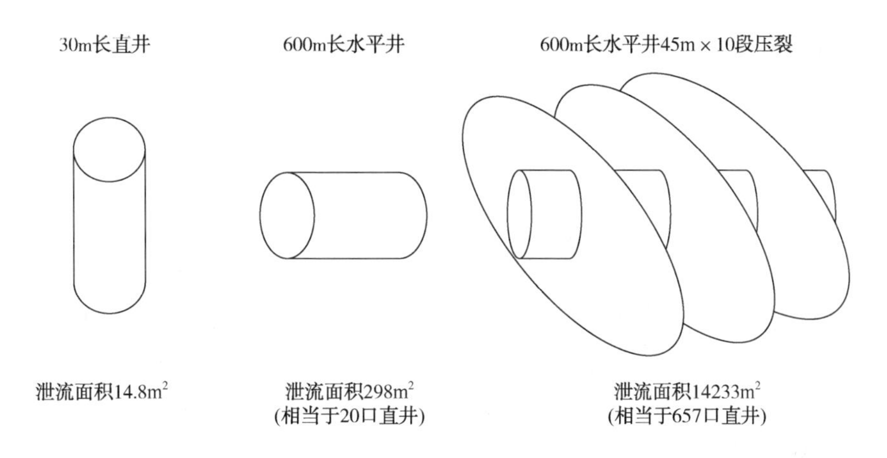

图 1. 10　压裂改造泄流面积对比图

验与应用，并取得一定的效果。图 1. 11 为某区块脉动压裂试验井与邻井施工压力对比，从图中可以看出脉动水力压裂技术有效降低了各阶段的施工压力。

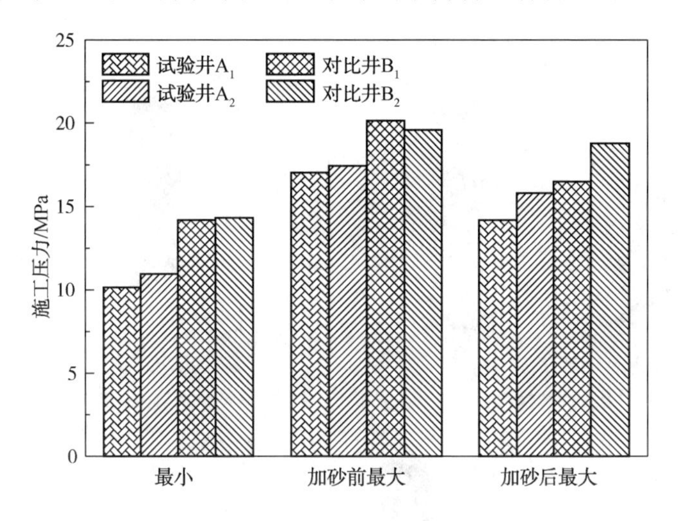

图 1. 11　试验井与邻井施工压力对比

总体来讲，现有煤层气开采技术都存在一定的适用条件以及局限性，高能气体压裂、氮气泡沫压裂及等离子脉冲压裂等新的无水压裂技术也在不断出现，但水力压裂仍是国内外煤层气高效开发的关键增产技术。研究人员需要针对水力裂缝在煤层中的起裂、扩展以及转向等机理，继续深入探索，研究煤层特性对水力裂缝形成的影响，提出适用范围更广、产能提升更显著的煤层气开采技术与工艺。

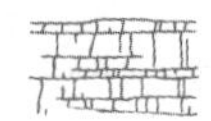

1.3 煤层水力压裂机理研究现状

1.3.1 煤岩力学特性及对裂缝扩展影响

煤岩是一种双重孔隙的裂隙岩体，其内部发育大量的割理、裂隙等结构弱面，使得煤岩与常规砂岩等岩石在结构特征和力学特性方面存在较大差别。大量的实验测试表明：煤岩松软，弹性模量低、泊松比高，易破碎、易受压缩。通过砂岩与煤岩力学实验数据的对比(见图1.12)看出：相近埋深的煤岩比砂岩的弹性模量小10倍，而泊松比相对较高，煤岩的抗拉与抗压强度明显低于砂岩。根据兰姆方程理论，在岩石中形成水力裂缝的宽度与其弹性模量成反比，所以煤岩压裂更易形成短而宽的水力裂缝，在相同条件下低弹性模量和高泊松比的煤岩较难形成复杂裂缝网络。煤岩与砂岩的压缩破坏形态对比(见图1.13)看出：由于煤岩内部割理系统发育，在单轴与三轴条件下出现了多种复杂的破坏形式，如单斜面剪切破环、拉伸破坏、楔劈型张剪破坏与拉剪复合破

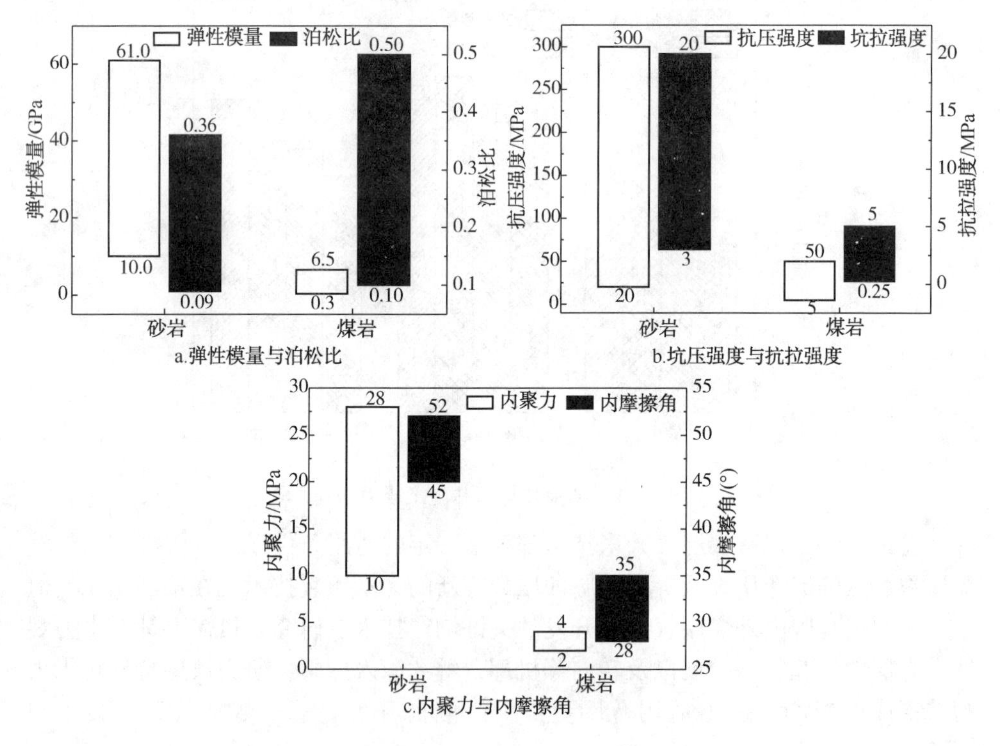

图1.12 煤岩与砂岩力学参数对比

坏等；砂岩破坏形式则相对简单，主要为单斜面剪切与“X”形剪切两种形态，说明煤岩压缩破坏过程消耗的能量相对更多，同样条件下煤岩压裂难度较砂岩要大得多。

a.煤样三轴压缩破坏

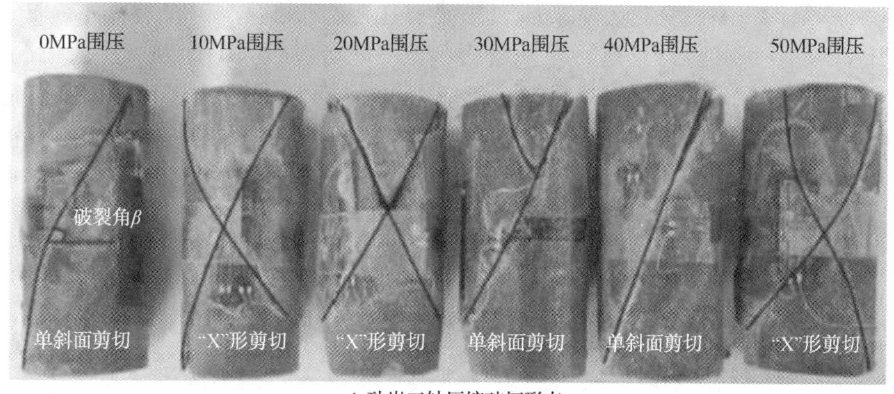

b.砂岩三轴压缩破坏形态

图 1.13　三轴压缩试验后试样破坏形态对比图

大量实验证实了围压对煤岩力学特性影响显著，煤岩内部割理、裂隙在围压作用下被压实，试样峰值强度随围压增加而增大，弹性模量随围压增加呈非线性增大。与砂岩相比，煤岩从加载至破坏过程中表现出更强的塑性特征（见图 1.14）。由于煤岩力学特性易受围压影响，呈现弹塑性力学特点，使压裂过程裂缝扩展难以预测和控制。相对于岩石弹性阶段而言，塑性阶段裂缝扩展更为困难，且需要消耗更多的能量，也就更难形成复杂裂缝，这也是煤层压裂难以增加改造体积和难以控制裂缝形态的一个重要原因。

煤中结构弱面对岩石力学性质具有显著影响，原生裂隙、孔隙、矿物夹杂沿层理方向分布和延伸，使垂直层理加载的单轴抗压强度高于沿平行层理方向加

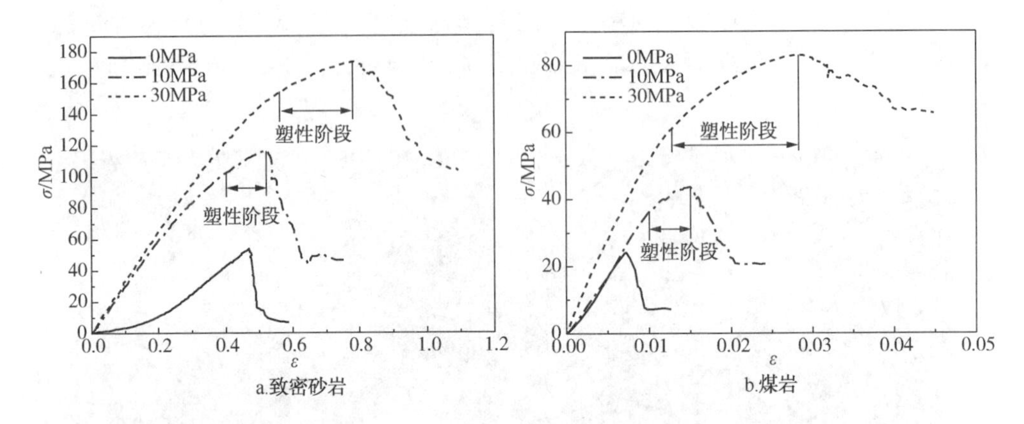

图 1.14　不同围压下致密砂岩与煤岩三轴应力—应变曲线

载，垂直层理加载煤样的抗拉强度低于沿平行层理方向加载。这表明煤岩具有明显的各向异性力学特征，且沿不同方向差异显著(见图 1.15)。对于各向异性力学特征明显的煤岩，在进行水力压裂井壁应力及裂缝起裂、扩展压力计算时，如采用各向同性线弹性理论进行建模分析，将可能产生较大的误差。一般情况下，基于各向同性假设计算井壁应力时，其应力集中情况主要取决于地应力的各向异性程度。而考虑煤岩的各向异性力学参数影响后，井壁应力的集中情况不仅受地应力的各向异性影响，同时受煤岩力学参数的各向异性影响也较为显著。应根据地应力和岩石力学特征，建立适合的力学模型对煤层复杂受力条件进行分析，才能准确地预测裂缝的开启和扩展路径，这同样也是煤层压裂岩石破裂机理研究的难点问题之一。

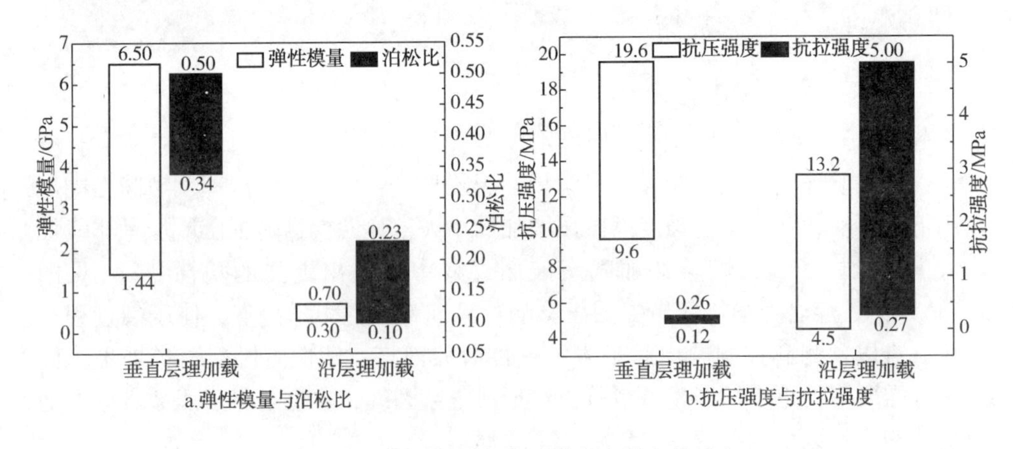

图 1.15　不同加载条件下煤岩力学参数对比

1.3.2 煤层水力压裂裂缝起裂机理

M. K. Hubbert 和 D. G. willis 于 1957 年首次提出裸眼井垂直裂缝破裂压力计算公式，之后国内外学者在水力压裂起裂机理研究方面取得了丰硕成果，给出了在流体压力和地应力协同作用下，裸眼井(见图 1.16)与射孔井(见图 1.17)压裂井壁应力计算方法分别见式(1-1)和式(1-2)。早期对于煤层水力压裂的起裂研究，假定煤岩为线弹性、均质且各向同性材料，直接借鉴式(1-1)和式(1-2)理论公式对裂缝起裂进行分析。

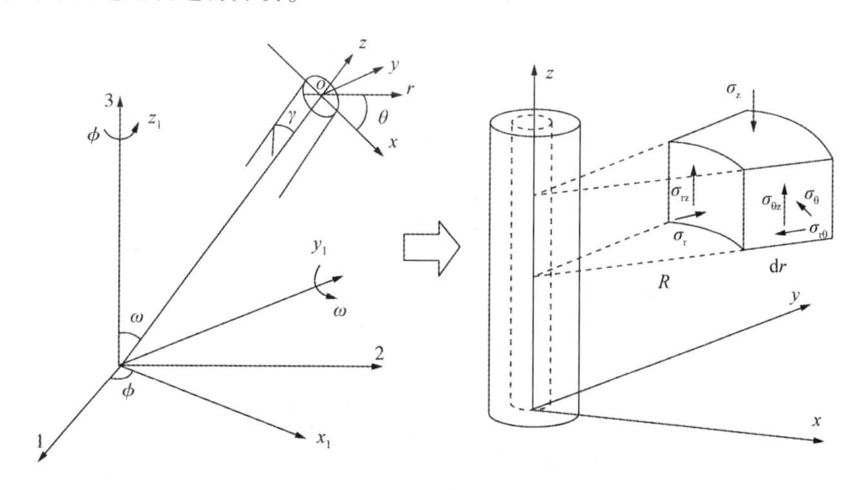

图 1.16 裸眼井壁处应力示意图

$$
\begin{cases}
\sigma_r = -p + f(p - p_0) \\
\sigma_\theta = p + \left(f - \dfrac{\alpha(1-2v)}{(1-v)}\right)(p - p_0) + \sigma_{xx}(1 - \\
\quad 2\cos 2\theta) + \sigma_{yy}(1 + 2\cos 2\theta) - 4\sigma_{xy}\sin 2\theta \\
\sigma_z = \eta p - \dfrac{\alpha(1-2v)}{(1-v)}(p - p_0) + \sigma_{zz} + f(p - p_0) \\
\sigma_{r\theta} = \sigma_{rz} = 0 \\
\sigma_{\theta z} = -2\sigma_{zz}\sin\theta + 2\sigma_{yz}\cos\theta
\end{cases}
\tag{1-1}
$$

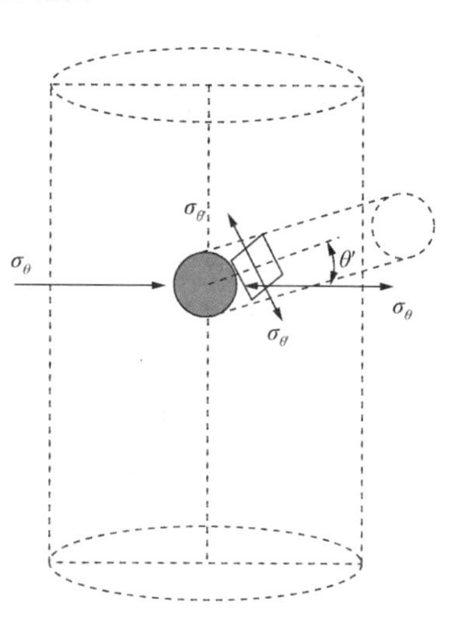

图 1.17 射孔孔边受力示意图

式中，σ_r、σ_θ、σ_z、$\sigma_{r\theta}$、$\sigma_{\theta z}$ 为不同方向井壁应力分量，MPa；p 为井筒压力，MPa；f 为岩石的孔隙度,%；p_0 为初始孔隙压力，MPa；α 为 Biot 系数，无量纲；v 为泊松比，

无量纲；η 为修正系数，无量纲。

$$\begin{cases}\sigma'_r = -p_w \\ \sigma'_\theta = p_w + (\sigma_z + \sigma_\theta) - 2(\sigma_z - \sigma_\theta)\cdot\cos(2\theta') - 4\sigma_{\theta z}\sin(2\theta') \\ \sigma'_z = \sigma_r^\eta - \nu\left[2(\sigma_z - \sigma_\theta)\cos(2\theta') + 4\sigma_{\theta z}\sin(2\theta')\right] \\ \tau'_{r\theta} = 0 \\ \tau'_{\theta z} = 2(-\sigma_{rz}\sin\theta' + \sigma_{r\theta}\cos\theta') \\ \tau'_{rz} = 0\end{cases} \tag{1-2}$$

式中，σ'_r、σ'_θ、σ'_z、$\tau_{r\theta'}$、$\tau_{\theta z}'$、τ_{rz}'为射孔处不同方向应力分量，MPa；p_w为井底压力，MPa。

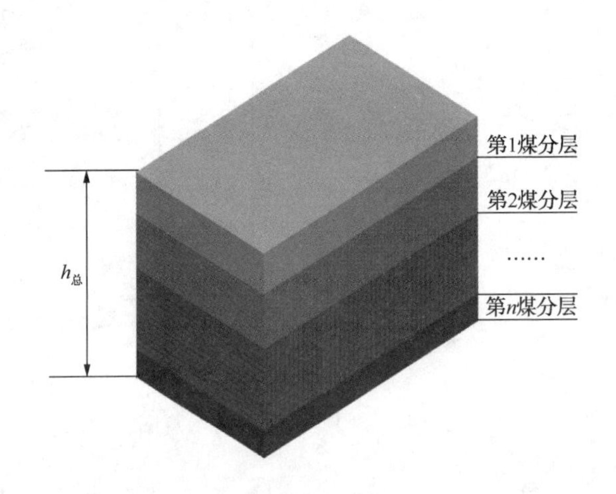

图 1.18　煤层分层组合模型

随着人们对煤岩力学性质研究的深入，意识到煤层在垂向上体现出明显的力学性质差异，而在平面上则表现出较好的各向同性性质，与正交各向异性岩体性质较为符合。于是基于煤层的正交各向异性假设，建立了多煤层分层组合模型(见图 1.18)，认为煤层的总弹性模量和总应变分别与各煤分层的弹性模量和煤分层的应变成正比关系，且煤层的总应变值不仅取决于各煤分层的应变值，还取决于各煤分层厚度在总厚度中所占比例。在建立煤岩等效弹性模量和泊松比数理模型基础上推导正交各向异性煤层井壁围岩应力计算公式，再结合最大拉应力准则，可以得到煤层裸眼完井水力压裂起裂压力计算模型[见式(1-3)]，用于分析煤层地质参数对裂缝起裂规律的影响。

$$P_f = \frac{\left\{\begin{aligned}&\frac{\sigma_t}{E_\theta\left[\frac{1}{E_s}+\frac{\lambda_L \sin^4\beta_f}{S_1 k_{n1}}+\frac{\cos^4\beta_f}{S_2 k_{n2}}+\frac{\sin^2\beta_f\cos^2\beta_f}{S_2 k_{s2}}+\frac{\lambda_L \sin^2\beta_f\cos^2\beta_f}{S_1 k_{s1}}\right]}\\&-\sigma_H\left\{\begin{aligned}&[-\sin^2\beta_f+(c+n)\cos^2\beta_f]c\cos^2\theta+[(1+n)\sin^2\beta_f-c\cos^2\beta_f]\sin^2\theta\\&-n(1+n+c)\cos\beta_f\sin\beta_f\sin\theta\cos\theta\end{aligned}\right\}\\&-\sigma_h\left\{\begin{aligned}&[-\cos^2\beta_f+(c+n)\sin^2\beta_f]c\sin^2\theta+[(1+n)\cos^2\beta_f-c\sin^2\beta_f]\cos^2\theta\\&-n(1+n+c)\sin\alpha\cos\alpha\sin\beta_f\cos\beta_f\end{aligned}\right\}\end{aligned}\right\}}{\left[-c+\sqrt{u+2c}(\sin^2\theta+c\cos^2\theta)+(1-u+c^2)\sin^2\theta\cos^2\theta\right]} \tag{1-3}$$

式中，σ_t为井壁处等效力学参数条件下的煤岩抗张强度，MPa；E_θ为沿 θ 方向的弹性模量，MPa；E_s为基质的弹性模量，MPa；λ_L为同一直线上端割理的连通率，其物理意义与岩石力学中断续裂缝的连通率相同；k_{n1}为法向刚度，MN/m^3；k_{s1}为剪切刚度，MN/m^3；S_1为平行割理间距，m；S_2为平行面理间距，m；β_f为面割理与水平方向夹角，(°)。k_{n2}为面割理法向刚度，MN/m^3；k_{s2}为面割理剪切刚度，MN/m^3；σ_H为最大水平主应力，MPa；σ_h为水平最小主应力，MPa；u、c 为各向异性状态参数。

1.3.3 煤层水力压裂裂缝扩展机理

对于煤层水力压裂裂缝扩展机理的研究主要针对以下问题讨论：水力裂缝是否会扩展以及沿什么方向扩展、水力裂缝遇结构弱面后的扩展机理、如何准确描述裂缝几何形态。

裂缝在地层中扩展与否的判别，主要基于断裂韧性判据(K 判据)，当裂缝尖端应力强度因子与断裂韧性相等时[见式(1-4)]，裂缝即发生扩展。而裂缝的扩展方向可以通过最大能量释放率准则、最小应变能密度准则及最大周向应力准则确定。

$$K = K_{IC} \tag{1-4}$$

式中，K 为地层岩石断裂韧性，MPa · m$^{1/2}$；K_{IC}为裂缝尖端应力强度因子，MPa · m$^{1/2}$。

判断水力裂缝与结构弱面交汇扩展模式的力学准则主要包括 Blanton 准则、R&P 准则以及 Gu 准则，其中 Gu 准则给出了不同逼近角下水力裂缝穿越图版(见图 1.19)，是目前考虑较为全面的一个准则，应用最为广泛。在此基础上加入天然裂缝在流体压力下的张开判据，可以得到更为完善的水力裂缝穿越条件[见式(1-5)]。

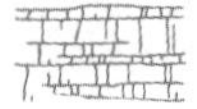

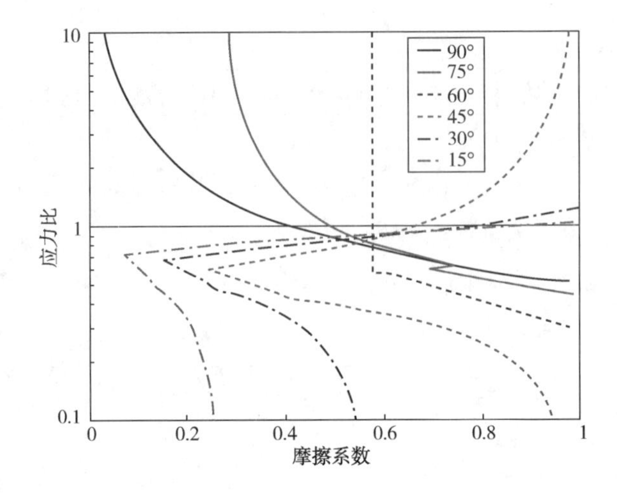

图 1.19　不同逼近角的扩展判别准则

$$
\begin{cases}
|\tau_\beta| < S_0 - \mu_f \sigma_{\beta y} \\
\sigma_{\beta y} < S_t \\
\sigma_1 = T_0
\end{cases}
\tag{1-5}
$$

式中，τ_β 为层理面剪应力，MPa；S_0为层理面内聚力，MPa；μ_f为层理面摩擦系数，无因次；$\sigma_{\beta y}$为层理面正应力，MPa；S_t为层理面抗拉强度，MPa；σ_1为水力裂缝尖端最大主应力，MPa；T_0为岩石的抗拉强度，MPa。

目前，对于裂缝几何形态的描述主要基于 KGD 模型、PKN 模型、拟三维模型以及全三维 Clifton 模型和 Cleary 模型。煤层压裂水力裂缝扩展是地应力、地层局部构造应力、压裂施工参数和煤层割理等众多因素作用的结果。压裂后形成的裂缝形态包括：水力裂缝垂直煤岩层理沿最大水平主应力方向的裂缝、水力裂缝沿层理起裂并扩展的裂缝、复杂裂缝等(见图 1.20)。典型的二维水力裂缝模型已不能很好地用于煤层压裂裂缝参数的设计与计算，基于二维裂缝模型并忽略煤层的滤失特性，可以实现煤层中“T”形裂缝(见图 1.21)几何参数的计算，得到水平裂缝与垂直裂缝长度的计算方法，使模型计算结果与现场压裂效果更为吻合。

压裂裂缝的扩展面积和体积是由压裂液的体积平衡来决定的。注入煤层的压裂液一部分用于裂缝扩展，另一部分则发生于储层的压裂液滤失。对于煤层这种特殊的双孔介质，压裂液滤失对于裂缝扩展形态和裂缝体积的影响显著，不容忽视。压裂过程压裂液首先会进入天然裂缝(割理)，之后在天然裂缝内压裂液与地层流体压差的驱动下再向基质滤失。基于双孔介质假设，可以建立双重介质储层压裂液滤失模型(见图 1.22)。

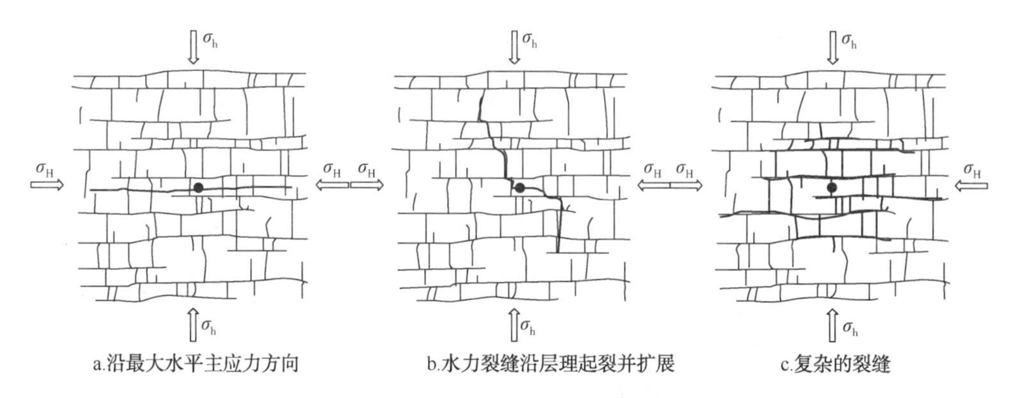

图 1.20 煤岩水力压裂裂缝形态

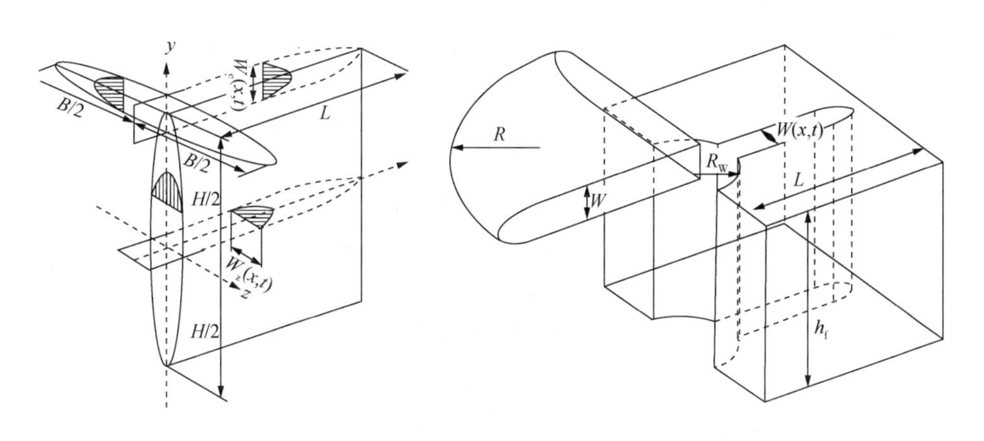

图 1.21 “T”形缝示意图

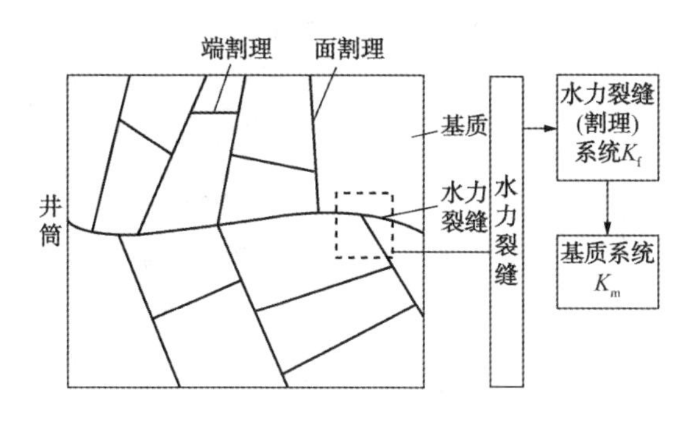

图 1.22 双重孔隙介质压裂液滤失模型

2 煤层孔—裂隙结构描述方法

煤层与常规天然气储层有着明显不同的特征，煤层是孔隙—裂隙双重介质地层，发育有独特的割理系统。煤中割理的类型和分布特征对其力学机械性能和渗透特性有较大影响。研究煤层压裂裂缝起裂延伸机理的前提是准确地分析和描述煤中的割理裂隙系统，本章介绍了如何对现场取样煤进行分析，并应用扫描电镜观测的方法描述煤层内部割理的分布特征。

2.1 煤层孔隙—裂隙形态和分类

煤层除具有煤基质孔隙外，还有独特的割理系统(见图2.1)。煤层中存在的割理属于裂缝系统，其对煤的力学机械性能和渗透率以及压裂裂缝的生成有很大的影响。割理系统的主要成因包括煤化过程中的脱水作用、煤化过程中的脱挥发分作用、构造作用和压实作用。在不同的煤层中，割理出现率可能有很大差别，主要取决于煤和煤质类型、煤层与无机夹层厚度、煤级和煤层埋深等因素。割理出现率越大，煤层渗透性相应也就越高，对其力学机械性能影响越明显。

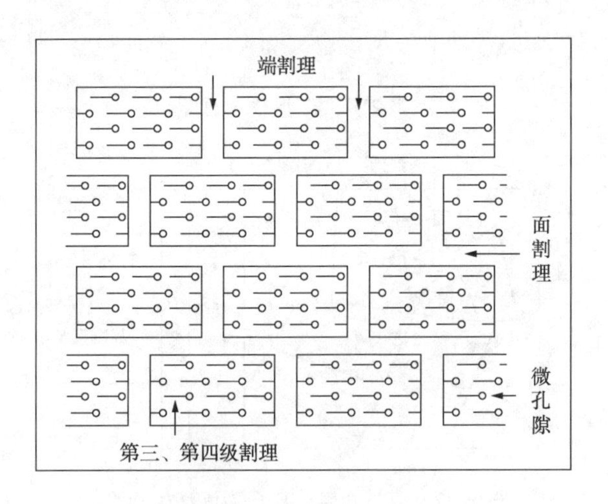

图2.1 煤层割理系统

通常将煤层割理分为以下类型：面割理或面理、端割理或端理、第三级割理、第四级割理和接缝。面割理和端割理是煤层中的基本裂缝形式，两者大致垂直。面割理连续性较好，延伸长度大，先于端割理发育、形成，端割理连续性较差，一般发育在两相邻面割理之间，割理系统三维几何分布见图 2.2。煤层气主要通过这两种割理运移，煤层的渗透率也主要取决于这两种割理的发育程度。第三、四级割理比面割理和端割理形成晚，终止于面割理和端割理。接缝通常与面割理平行，形成时间较晚，且远离割理，接缝可能垂直穿过煤层、无机夹层以及围岩界面，因此接缝的存在可以提高垂向渗透率，对煤层气高产井非常重要。

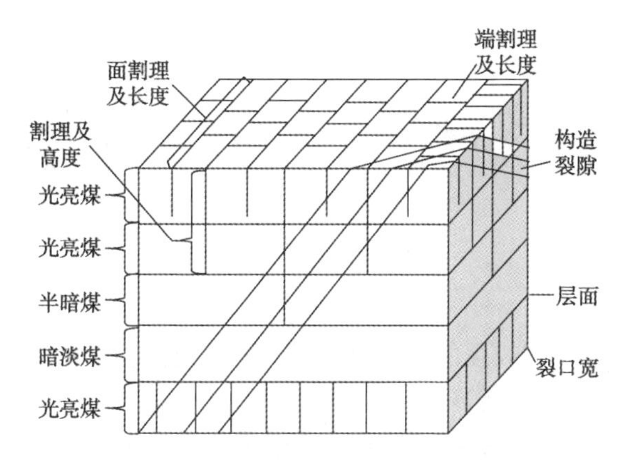

图 2.2　煤层割理系统三维几何分布

割理的长度在层面上可测量到，发育的面割理基本呈等距分布，其长度变化范围很大，在层面上以短裂纹形式出现的面割理不发育，长度变化从几毫米到几厘米。煤的类型与分层以及煤成分厚度控制着面割理的高度，总体上煤的光泽越亮、发育的镜煤和亮煤越多、高度越大，则割理越发育高度越大，高度变化从几微米到几十厘米。端割理与面割理通常是相互连通的。面割理的间距控制端割理的发育长度，面割理间距越大，相应端割理越长。与面割理的受控因素相同，端割理高度也主要与煤类型和煤组分有关。

割理的宽度与其规模有关。割理规模越大，宽度也越大，变化范围可从几微米至几厘米。

割理的形态多种多样，如在层面上呈网状，这种割理连通性好，极发育；如一组大致平行的面割理极发育，而端割理极少，这种割理发育，连通性较好；如面割理呈短裂纹状或断续状，端割理少见，这种割理连通性较差，属较发育。

剖面上，割理主要呈垂直于层理或微斜交层理平行排列。

如按形态和成因，煤中裂隙还可分为 3 类(见图 2.3)。其中，面割理和端割理属内生裂隙，发育的程度与煤组分和煤化程度密切相关。一般只发育在镜煤和亮煤分层中，不切穿上下分层，裂隙面平坦，无擦痕。不同变质阶段、不同组成的煤，具有不同的力学性质，割理的发育程度自然不同。割理的形成不仅是由煤的力学性质这一内在因素决定，还受凝胶化物质体积收缩产生的内张力作用和构造应力作用的影响，但构造应力要比形成外生裂隙的应力弱得多。

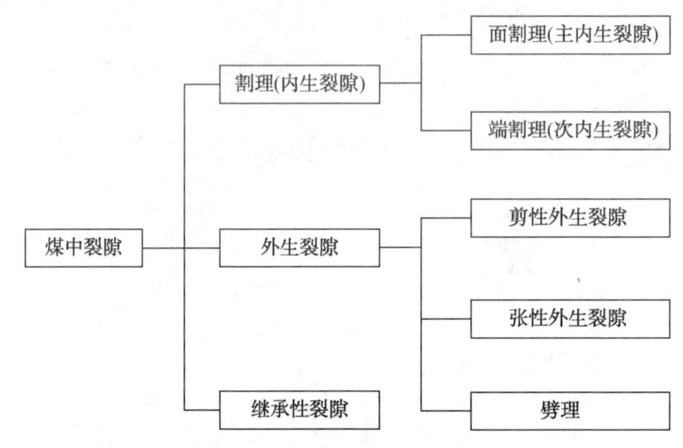

图 2. 3　煤中裂隙分类

外生裂隙是指煤层在较强的构造应力下产生的裂隙，按成因可分为 3 种：剪性外生裂隙、张性外生裂隙和劈理。继承性裂隙属过渡类型，如果内生裂隙形成前后的构造应力场方向不变，早先的内生裂隙就会进一步强化，表现为部分内生裂隙由其发育的煤分层向相邻分层延伸扩展，但方向保持不变，成为继承性裂隙。煤中内生裂隙与外生裂隙的区别见表 2-1。

表 2-1　煤中内生和外生裂隙的区别

对比因素	内生裂隙(割理)	外生裂隙
力学性质	割理的力学性质以张性为主	外生裂隙可以是张性、剪性及张剪性等
煤类型的影响	割理在纵向上或横向上都不穿过不同的煤类型或界线，一般发育在镜煤和亮煤条带中，遇暗煤条带或丝质终止	外生裂隙不受煤类型的限制
与层理面的相交关系	割理面垂直或近似垂直于层理面	外生裂隙面可以与层理以任何角度相交
裂隙面平坦度	割理面上无擦痕，一般比较平	裂隙面上有擦痕、阶步、反阶步
矿物成分	割理中充填方解石、褐铁矿及黏土，极少有碎煤粒	外生裂隙中除了方解石、褐铁矿、黏土外，还有碎煤粒

2.2 煤层割理规模划分

煤层割理是煤层中垂直层面分布的系统裂隙，虽然煤层中存在多种裂隙，但除割理外其他裂隙主要受局部构造等因素控制，而且与割理相比其发育程度及在决定煤储集层性质方面的重要性要小得多。因此，人们更关注煤层割理的特征及分布规模。

据实际观测发现，割理的规模存在很大差异，小者仅数微米，大者数米长，但割理的走向往往在较大区域内保持不变，而整个成煤盆地范围内则有所不同。通常按照割理的规模以及割理与煤层、煤类型及煤成因的关系对其进行分类(见表 2-2 和图 2.4)。

表 2-2 割理的规模类型及特征

类型	主要特征
a. 巨型割理	割理可切穿若干个煤类型或整个煤层，长度大于数米，高大于 1m，裂口宽度毫米级，一般属外生割理，与层斜交
b. 大型割理	割理可切穿一个以上煤类型分层，煤层长度大于几十厘米至 1m，高几厘米至 1m，裂口宽度微米级至毫米级，以外生割理多见，与层理斜交，割理较少，垂直层理或以高角度与层理斜交
c. 中型割理	割理限于一个煤层类型分层，长几厘米至 1m，高几厘米至几十厘米，裂口宽度微米级，割理、外生割理以不同角度与层理斜交
d. 小型割理	割理仅发育在单一煤成分中，在镜煤中最发育，长几毫米至 1cm，高 1mm 至几厘米，裂口微米级，割理多见，垂直于层理或以高角度与层理斜交
e. 微型割理	只有借助于显微镜才可见的割理，长 0.1~1mm，高小于 1mm，裂口宽度微米级，割理多见，垂直于层理或以高角度与层理斜交，遇到丝质体、壳质体和矿物时，出现顺层方向裂开
f. 超微型割理	借助高放大倍数，在扫描电镜下可见，长度 0.1~1mm，高 0.1~10μm，裂口宽度微米级，割理多见

煤类型相同的情况下，区域上割理的分布密度主要取决于煤级，一般规律是：从低变质煤、中变质煤、高变质煤的趋势变化的，割理密度相应的由小到大，再由大到小。其中巨割理和大割理的变化小于中割理、小割理和微割理及超微割理的变化。

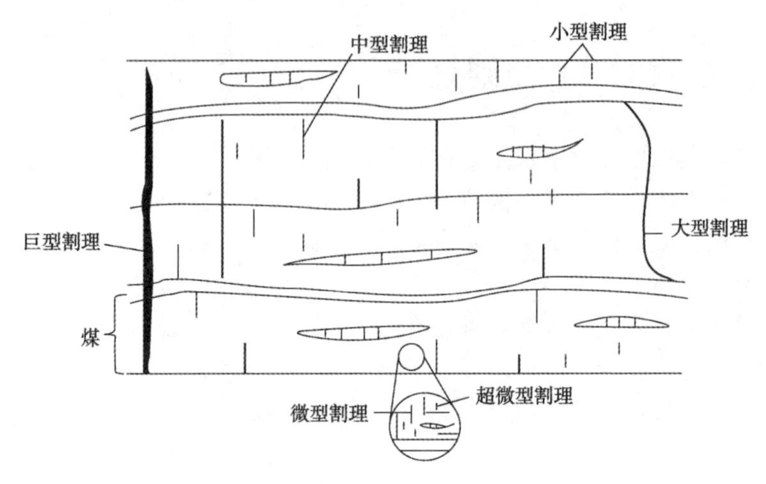

图 2.4　煤层割理规模级别划分

2.3　煤层割理评价指标

(1) 割理密度。表示一定距离割理数量的多少，反映割理发育的程度。依据我国煤中割理的特征，根据尺度不同，将割理的密度划分为 3 个级别(见表 2-3)。

表 2-3　割理密度级别划分方案

统计方法	割理密度级别		
	一级	二级	三级
肉眼/(条/10cm)	>10	10~3	<3
光学显微镜/(条/10cm)	>100	100~30	<30
扫描电镜/(条/cm^2)	>1000	1000~300	<300

(2) 割理的连通性。连通性包括同一割理类型之间的连通以及不同割理类型之间的连通状况。根据割理之间的连通状况、对渗透性的贡献以及几何形态特征，将割理的连通性划分为 3 个级别(见表 2-4)。

表 2-4　割理的连通性等级划分方案

评价项目	连通性评价等级		
	好	较好	差
割理形态	网状	一组平行面割理为主，端割理少见，阶梯状	断裂纹状，单个分散
充填状态	无	部分	多数

(3) 割理发育程度。包括割理的密度、长度、高度、裂口宽度及连通性，在整体上反映割理的发育状况及其对煤层渗透性的影响。主要采用密度和连通性两个指标对割理发育程度进行划分(见表 2-5)。

表 2-5 割理发育程度划分方案

评价项目	割理发育程度		
	发育	较发育	不发育
割理密度级别	一级	二级	三级
割理连通性	好	较好	差

2.4 煤层割理评价指标应用

2.4.1 割理密度测定

煤样取自黑龙江省鸡西煤矿张晨矿西三采区(见图 2.5)，以亮煤为主，内部含有部分镜煤层，煤样的层面及割理结构明显。煤样能够清晰识别出层面与割理结构，层面、面割理和端割理在空间呈大致相互垂直形态。

图 2.5 张晨矿西三采区取样煤外观形貌

通过测量垂直面割理方向同一层面内的端割理发育数量(测量边长为 47.0cm)，观测到 20 条端割理，端割理发育密度大致为 4~5 条/10cm。面割理与层面垂直，高度较大，亮煤的面割理间距较大，镜煤层面中的面割理间距相对较小，发育密度较大。通过观测法标记和测定出亮煤和镜煤的面割理发育数量：长度为 20.3cm 亮煤内观测到面割理 23 条，面割理密度大致为 11~12 条/10cm；镜煤中面割理密度约为 20~26 条/10cm。

2.4.2 割理形态扫描电镜观测

宏观尺度测量了取样煤的割理发育密度和长度等指标后，应用扫描电镜从微观角度对煤割理的发育状况进行观测。试验设备为 Quanta 450 多用途扫描电镜。

取样煤的割理微观形态见图 2.6。不同放大倍数下可以看出煤中面割理和端割理形态有所差别。面割理和端割理近似垂直发育，且面割理长度较端割理大得多。割理宽度上，也能够看出面割理相对端割理裂隙特征更为明显。放大100x时能观测到多条面割理和端割理，随着放大倍数增加，面割理和端割理的微观特征明显，能够观测到面割理与端割理相互连通，将煤切割为近似长方形。

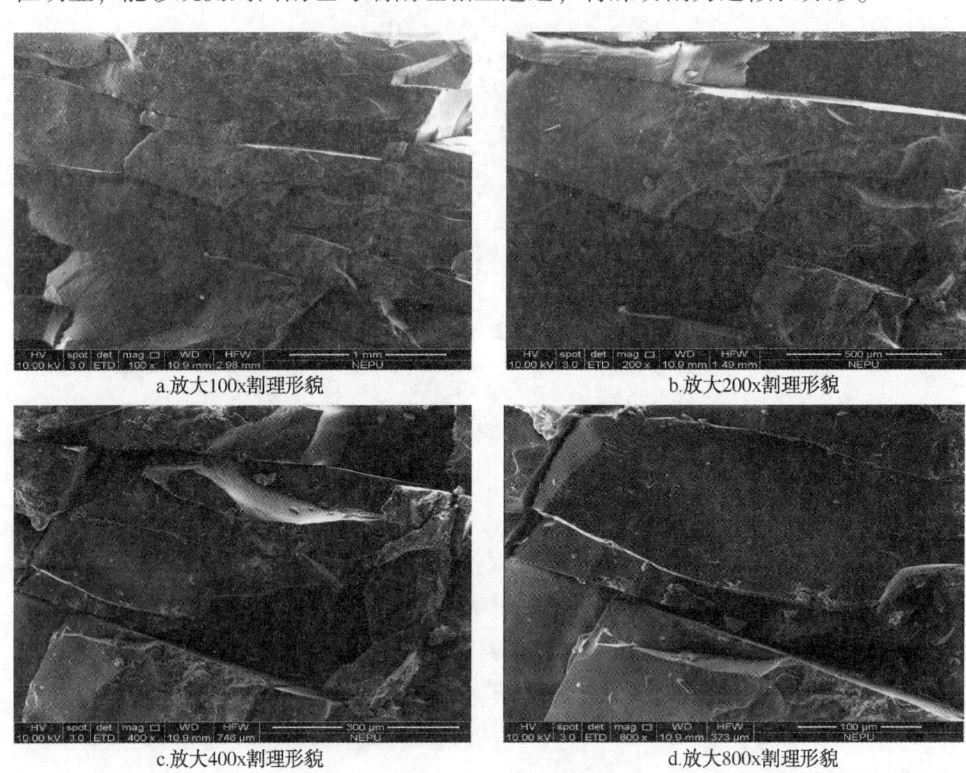

a.放大100x割理形貌　b.放大200x割理形貌

c.放大400x割理形貌　d.放大800x割理形貌

图 2.6　张晨矿西三采区样煤割理形貌扫描电镜观测

通过扫描电镜放大适当倍数后测定面割理和端割理宽度大都在7～60μm范围内，面割理平均宽度约为30μm，端割理平均宽度约为10μm，且部分割理可见内部填充物。

2.4.3　割理发育特征综合评价

在宏观和微观评价的基础上，对张晨矿西三采区煤样割理发育特征做出综合评价如下：割理密度级别为二级；割理形态以平行面割理为主，端割理相对较少，割理内部有部分填充物，连通性较好；扫描电镜下观测到多条面割理和端割理，面割理与端割理相互连通，将煤切割为近似长方形；其割理发育程度为较发育。

3 煤的脆性评价

岩石的脆性是评价地层压裂开采价值的重要指标之一。煤的脆性是衡量煤可压裂性的一个重要指标，煤层压裂以后能否有效增加地层渗透能力或有效形成裂缝网络，很大程度上取决于煤的脆性好坏。通常煤的脆性较强时，压裂后能够形成裂缝网络，压裂后有效改造体积大，单井产能高，压裂增产效果显著，反之则不然，所以煤的脆性是煤压裂机理研究的一项重要内容。

3.1 岩石脆性评价方法介绍

目前针对岩石脆性的评价，已有的脆性评价模型不少于40种，大致采用岩石的矿物组成、岩石的力学参数(包括应力—应变关系、弹性模量、泊松比和强度等)和能量法等手段。总结国内外研究人员对于岩石脆性评价的方法，分类列于表3-1中。

表3-1 现有各类岩石脆性评价方法

方法分类	理论模型	变量名称及含义
应变和强度	$B_1 = \varepsilon_{re}/\varepsilon_t$	ε_{re}、ε_t是破坏点的可逆应变和总应变
	$B_2 = \varepsilon_{ap}/\varepsilon_e$	ε_e、ε_{ap}、ε_{tp}是弹性应变、峰后应变和总不可逆峰后应变
	$B_3 = \varepsilon_{tp}/\varepsilon_e$	
	$B_4 = (\varepsilon_f^p - \varepsilon_c^p)/\varepsilon_c^p$	ε_f^p是摩擦强度释放后塑性应变，ε_c^p是黏聚强度达到残余值的塑性应变
	$B_5 = \varepsilon_{ir} \cdot 100$	ε_{ir}为不可逆轴向应变
	$B_6 = \dfrac{\varepsilon_p - \varepsilon_n}{\varepsilon_m - \varepsilon_n} + \alpha_1 CS + \beta_1 CS + \eta_1$	$CS = \dfrac{\sigma_p - \sigma_r}{E(\varepsilon_p - \varepsilon_r)}$，$\varepsilon_p$、$\varepsilon_r$是峰值应变和残余应变，$\varepsilon_m$、$\varepsilon_n$是峰值应变的最大值和最小值，$\alpha_1$、$\beta_1$、$\eta_1$是标准系数
	$B_7 = \sigma_c/T_0$	σ_c、T_0是抗压强度和抗拉强度
	$B_8 = (\sigma_c - T_0)/(\sigma_c + T_0)$	σ_c、T_0是抗压强度和抗拉强度
	$B_9 = \sigma_c \cdot T_0/2$	σ_c、T_0是抗压强度和抗拉强度

续表

方法分类	理论模型	变量名称及含义
应变和强度	$B_{10} = \sqrt{\sigma_c \cdot T_0/2}$	σ_c、T_0是抗压强度和抗拉强度
	$B_{11} = (\tau_p - \tau_r)/\tau_p$	τ_p、τ_r峰值和残余剪切强度
	$B_{12} = \frac{(\tau_p - \tau_r)}{\tau_p} \frac{\lg \lvert K_{ac(AC)} \rvert}{10}$	$K_{ac(AC)}$是从屈服点到剩残余强度起点直线的斜率
	$B_{13} = \frac{\sigma_p - \sigma_r}{\varepsilon_p - \varepsilon_r} + B_E$	$B_E = \frac{(\sigma_p - \sigma_r)(\varepsilon_p - \varepsilon_r)}{\sigma_p \varepsilon_p}$，下标 p 表示峰值，下标 r 表示残余
杨氏模量	$B_{14} = \frac{E - E_{min}}{E_{max} - E_{min}}$	E是弹性模量，E_{max} \ E_{min}是弹性模量最大值和最小值
泊松比和摩擦角	$B_{15} = \frac{1}{2}\left(\frac{E - E_{min}}{E_{max} - E_{min}} + \frac{\nu_{max} - \nu}{\nu_{max} - \nu_{min}}\right)$	ν是泊松比，ν_{max}、ν_{min}是泊松比最大值与最小值
	$B_{16} = E/\nu$	E是弹性模量，ν是泊松比
	$B_{17} = E\rho/\nu$	ρ是岩石密度，E是弹性模量，ν是泊松比
	$B_{18} = (E_n + \nu_n)/2$	E_n、ν_n归一化动态弹性模量和动态泊松比
	$B_{19} = (\lambda + 2\mu_s)/\lambda$	λ是 Lame's 第一参数，μ_s是剪切模量
	$B_{20} = \sin\varphi$	φ为内摩擦角
	$B_{21} = 45° + \varphi/2$	φ为内摩擦角
能量	$B_{22} = U_e/U_{peak}$	U_e是弹性能量，U_{peak}为峰值应力前的应变能，U_{total}为总断裂能量
	$B_{23} = U_e/U_{total}$	
	$B_{24} = U_{peak}/U_{total}$	U_{peak}为峰值应力前的应变能，U_{total}为总断裂能量
	$B_{25} = U_e/U_{post}$	U_{post}是峰后能量
	$B_{26} = (M - E)/M$	E为弹性模量，M为峰后模量
	$B_{27} = E/M$	E为弹性模量，M为峰后模量
	$B_{28} = M/(M + E)$	E为弹性模量，M为峰后模量
	$B_{29} = M/E$	E为弹性模量，M为峰后模量
	$B_{30} = \frac{E}{D} \frac{M - E}{M}$	E为弹性模量，M为峰后模量，D是屈服模量
	$B_{31} = \frac{E - D}{D} \frac{E}{M}$	

续表

方法分类	理论模型	变量名称及含义
硬度	$B_{32} = H_y/E$	E 为弹性模量，H_y 为硬化模量
	$B_{33} = (H_m - H)/K$	H_m，H 为宏观和微观硬度，K 为体积模量
	$B_{34} = H/K_{IC}$	H 为硬度，K_{IC} 为断裂韧性
	$B_{35} = H \cdot E/K_{IC}^2$	H 为硬度，K_{IC} 为断裂韧性，E 是弹性模量
矿物组分	$B_{36} = W_q/W_t$	W_q 为石英的重量，W_t 为矿物的总重量
	$B_{37} = (W_q + W_c)/W_t$	W_q 为石英的重量，W_t 为矿物的总重量，W_c 为碳酸盐矿物的重量
	$B_{38} = (W_q + W_d)/W_t$	W_q 为石英的重量，W_t 为矿物的总重量，W_d 为白云石矿物的重量

采用应变和强度参数法计算岩石的脆性是最早开始应用也是最简便的方法之一。其中，脆性指数 $B_1 \sim B_5$ 存在的问题主要是未考虑峰后特性对脆性的影响，事实上峰后特性在脆性测量中起着重要的作用。脆性指数 B_6 是由包括应变和应力的参数构成，但参数 CS 没有实际的物理意义，并且如果峰值点、弹性模量、峰后模量相同的岩石计算得到的脆性指数相同，这与实际情况并不相符。在基于强度参数建立的脆性指数方面，大多数模型没有考虑岩石的断裂机制。脆性指数 $B_7 \sim B_{10}$ 由抗压强度和抗拉强度定义，但抗压强度和抗拉强度几乎是线性相关的，所以很难用于区分不同类型岩石的脆性指数。指数 B_{11} 没有考虑应力下降速率和下降路径的影响，可能给结果带来较大偏差。指数 B_{12} 是对 B_{11} 的修正，仍然忽略了应力下降路径的影响，而且 B_{12} 是不连续变化的。指数 B_{13} 并没有明确的物理含义，脆性定义中应力下降速率的权重过大，而定义的弹性能释放率 B_E 范围较小，很难区分不同类型岩石的脆性。

忽略岩石峰后特性的影响是基于弹性模量和泊松比建立的脆性指数 $B_{14} \sim B_{19}$ 的关键缺陷，这也是为什么这些脆性指数很少被应用的原因。B_{20} 和 B_{21} 是基于剪切破坏模式推导出的两种脆性指数，但它们不适用于岩石受拉破坏的情况。

从能量的角度构建脆性指数是目前较为热门和有效的方法，而现有的基于能量的脆性指数仍然存在各种不足。B_{22} 完全忽略了岩石的峰后特性，这给岩石脆性的评价带来了严重的缺陷。脆性指数 B_{23}、B_{24} 和 B_{25} 以峰后能量的形式考虑峰后特性，但均未考虑应力下降路径对脆性评价的影响。脆性指数 $B_{26} \sim B_{29}$ 在基于能量计算脆性指数时对应力—应变曲线进行简化，当弹性模量和峰后模量相同时，脆性指数是相同的，这是一类忽略应力下降路径影响的典型不合理指标。尽管 B_{30} 和 B_{31} 在建立脆性指数时增加了耗散能，但仍然无法避免脆性指数 $B_{26} \sim B_{29}$

所面临的问题。

硬度和矿物组分同样也被用来定义脆性指数。脆性指标 $B_{32} \sim B_{35}$ 与陶瓷材料领域常用的硬度指标一样，以硬度为变量，不适用于处于复杂应力状态的材料。基于脆性矿物组分的评价指标 $B_{36} \sim B_{38}$ 没有考虑岩石成岩作用，这对脆性有很大的影响，作为表征矿物力学性能的参数，矿物成分指标没有任何力学意义。综上可见，现有岩石脆性评价方法均存在不同程度的缺陷，寻求一种合理且能够适用于煤脆性评价的理论方法具有重要的实用价值。

3.2 煤的脆性评价方法

由于煤与页岩或常规砂岩等岩石相比，具有弹性模量低、泊松比高、易破碎和易压缩等性质，并且其塑性特征通常较为明显，大都不具备脆性特点。所以不能简单沿用已有评价岩石脆性指标的方法来衡量煤的脆性，并且由 3.1 节的介绍可知目前各类脆性评价方法应用起来仍存在不同程度的缺陷。本节主要介绍如何将描述煤受荷过程应力—应变关系的损伤本构模型与破坏过程的能量释放理论相结合，提出一套全新的煤脆性理论评价方法。

事实上煤内部发育大量割理、裂隙等天然缺陷，这些微缺陷是损伤的典型表现。岩石受载后的宏观断裂、失稳和破坏与其变形时内部微裂纹的分布及微裂隙的产生、扩展和贯通密切相关。目前基于损伤理论对岩石本构模型的研究，已经取得了丰富的研究成果，通过损伤变量的概念建立了损伤演变方程，提出统计损伤理论建立了岩石应变变形过程的统计损伤本构模型，并且将材料的微观非均匀性用一定的概率分布加以描述，引入 Weibull 分布、对数正态分布、正态分布和幂函数分布等方法来描述岩石微元强度的分布。而从能量角度来看，岩石全应力—应变曲线是其内部能量状态转变的外在表现，从开始加载到破坏的整个过程，岩石材料一方面存储外界传递来的能量，另一方面又以多种形式向外界释放能量，以保持能量的平衡。所以岩石破坏是应力达到峰值强度前不断吸收外界能量，而达到峰值后能量不断释放的过程，即岩石的变形破坏实质上是能量耗散和释放的结果。本节以煤单轴压缩应力—应变关系为基础，考虑煤受荷过程中损伤演变，基于统计损伤理论并以能量演化规律为依据建立评价煤脆性的理论模型。

3.2.1 岩石破裂过程能量演化规律分析

岩石受力破坏的过程实质是一个能量吸收与释放的平衡过程。从外力开始加载直至达到应力峰值强度前岩石不断吸收外界能量，应力达到峰值强度后能量开始不断释放，并且大多数岩石在达到应力峰值强度后还需要通过继续施加载荷提供能量来维持破裂的发生。

岩石加载直至破坏全过程的能量演化特点如图 3.1 所示。在达到应力峰值以前，岩石发生弹性和塑性形变，弹性变形积累的弹性能使岩石内部能量聚积增加，而塑性屈服过程使岩石内部能量耗散。达到应力峰值强度前耗散能量越小，岩石可获得表面能就越大，对应的应力峰值强度后断裂裂纹在数量上和长度上也越大，越有利于岩石破裂和裂缝的扩展。这也是脆性岩石在应力峰值强度前阶段几乎体现完全弹性变形的显著特点。

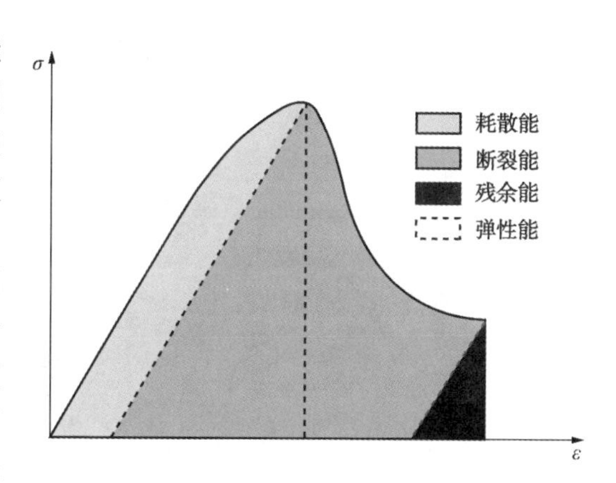

图 3.1　岩石破裂全过程的能量演化

在峰值强度时岩石处于高位能量的失稳状态，应力由峰值强度下降到残余强度的过程能量不断转化和耗散，如图 3.2 所示。理想脆性岩石断裂过程发生的是一种最节能的剪切断裂模式，能量耗散很少，仅需少量断裂能即可完成破碎，而塑性岩石断裂过程则需耗散掉较多能量，需要大量的断裂能来维持破碎。

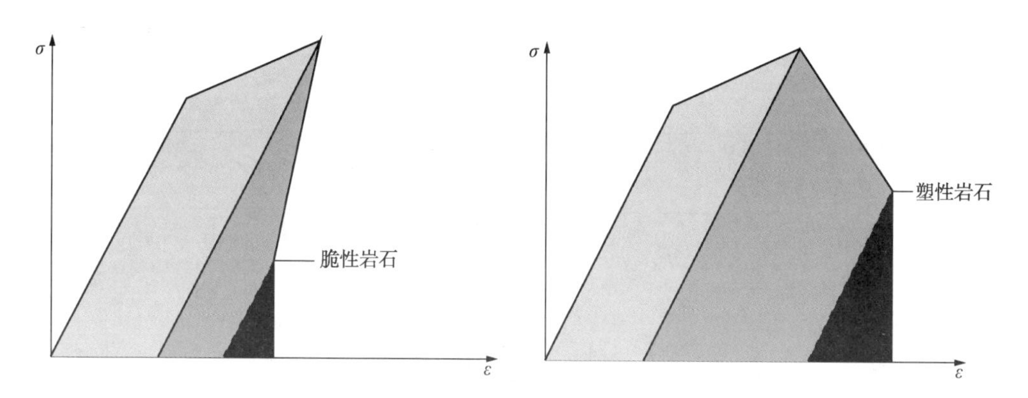

图 3.2　不同类型岩石破坏过程的能量演化特征

从全应力—应变曲线所决定的能量演化特征来看，在应力峰值强度前耗散能越少弹性能积累越多，并且应力峰值强度后用来维持裂纹扩展的断裂能越少，则岩石越容易发生破裂，越有利于压裂裂缝的形成。相反，在应力峰值强度前耗散能越多弹性能积累越少，并且应力峰值强度后需要较多断裂能来维持裂纹扩展，则岩石越不容易发生破裂，此类岩石压裂过程裂缝延伸需要耗散掉大量能量，难以形成大范围的裂缝网络，使压裂储层有效改造体积有限，具有较差的可压裂性。所以，可以根据岩石受载过程的应力—应变曲线特征即能量演化特征来分析和评价不同类型岩石的脆性。

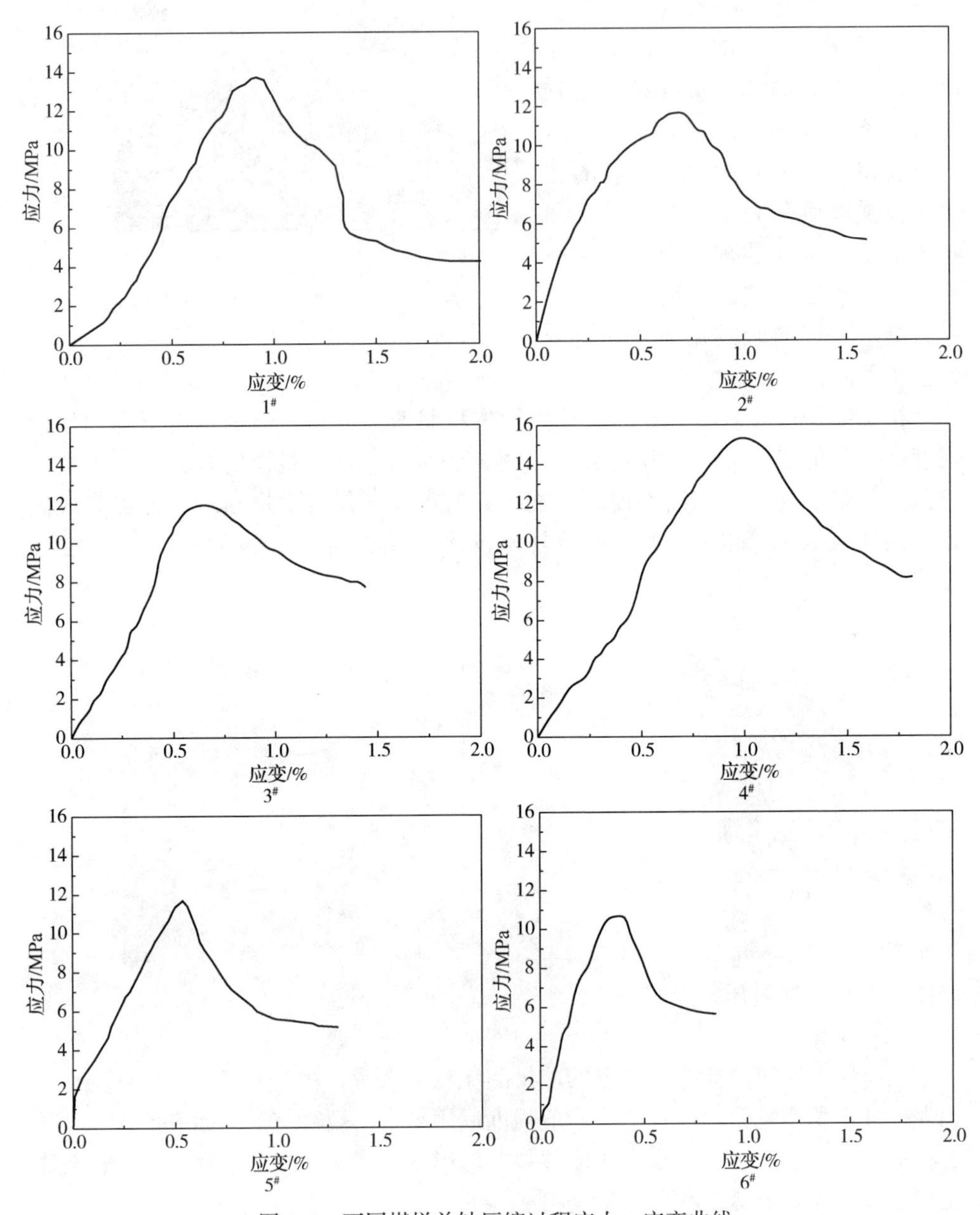

图 3.3　不同煤样单轴压缩过程应力—应变曲线

3.2.2 煤单轴压缩断裂特征分析

通过实验测试，记录下不同试样实验过程的应力—应变曲线(见图 3.3)。根据煤单轴压缩过程的应力—应变曲线，能够很直观地分析加载过程的能量演化规律，进而判断出不同煤样的脆性好坏。由图 3.3 各煤样应力—应变曲线可以看出：对应 1[#]、2[#]、3[#]、4[#]、5[#] 和 6[#] 岩芯其破坏峰值强度分别为 13.7MPa、11.6MPa、11.9MPa、15.2MPa、11.7MPa 和 10.7MPa，从曲线形态来分析，1[#]、2[#]岩芯峰前耗散能较多且峰后断裂能同样较大，说明 1[#]、2[#]煤样塑性特征明显，裂缝扩展能力较差，脆性差；3[#]、4[#]岩芯峰前耗散能相对较少，但峰后断裂能同样较多，说明 3[#]、4[#]岩样破裂过程需要耗散较多能量，也不利于裂缝的扩展延伸，其脆性一般；5[#]、6[#]岩芯峰前耗散能几乎为 0，峰前弹性能完全积累用于峰后的裂缝破裂和扩展，而峰后断裂能也相对较小，这种类型煤破裂过程裂缝能够较好地扩展延伸，具有较好的脆性。

为了更直观地对比各个煤样的应力—应变曲线特征，将 6 块典型岩芯的应力—应变曲线绘制到同一幅应力—应变图上，如图 3.4 所示。可以很明显地对比出 1[#]、2[#]煤样峰后曲线最为平缓，应力下降幅度最小，残余强度最大，残余能量也相对最多。也从另一角度说明煤样断裂时峰前储存的弹性能释放地非常有限，其破坏过程仍需要施加大量能量来维持裂缝扩展，这类煤不利于压裂施工的开展。5[#]、6[#]煤样峰后曲线最陡峭，应力下降幅度最大，残余强度最小，残余能量相对也最少。说明峰前阶段积累的弹性能大都用于峰后岩样的断裂和裂缝扩展，并且断裂能相对也较小，破坏过程不需要施加太多的能量即可维持裂缝扩展，证明此类煤适合压裂施工的开展。通过压裂能够在煤层形成大面积的裂缝系统，使储层有效改造体积增大。

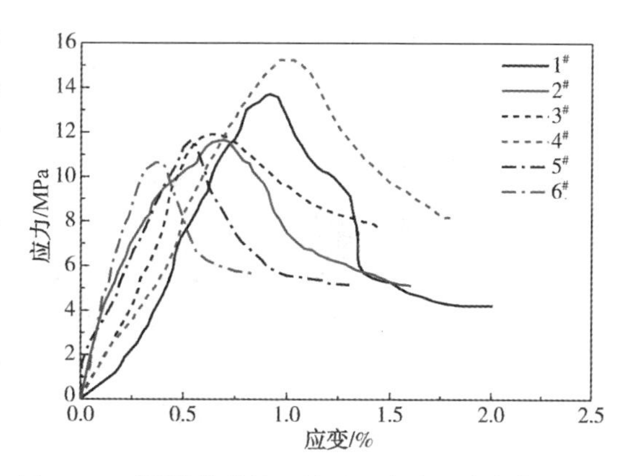

图 3.4　不同煤样单轴压缩过程应力—应变曲线对比

3.2.3 基于幂函数分布的煤损伤本构模型

采用统计损伤方法，从煤内部裂隙分布的随机性出发，将连续损伤理论和统计强度理论结合起来，再根据煤破裂过程的能量演化特征，能够建立描述煤加载后裂缝延伸能力即脆性评价的理论计算模型。

假定岩石微元强度服从幂函数分布，其概率密度函数为：

$$P(F)=\frac{m}{F_0}\left(\frac{F}{F_0}\right)^{m-1} \tag{3-1}$$

式中，$P(F)$为岩石微元强度分布函数；F为微元强度随机分布的分布变量；m和F_0为分布参数。

采用岩石应变强度理论，F可用材料的应变量ε代替，F_0可用ε_0代替，经变换后其概率密度函数为：

$$P(\varepsilon)=\frac{m}{\varepsilon_0}\left(\frac{\varepsilon}{\varepsilon_0}\right)^{m-1} \tag{3-2}$$

式中，$P(\varepsilon)$为岩石微元强度分布函数；ε为岩石材料的应变量，m、ε_0为分布参数，可通过对岩石应力—应变实验测试数据的拟合得到。

假设某一应变荷载下已破坏的微元数目为n_b，岩石材料总微元数目为N，定义统计损伤变量D为已破坏的微元数目与总微元数目之比，则有：

$$D=\frac{n_b}{N} \tag{3-3}$$

式中，D为岩石微观损伤变量；n_b为一定程度应变荷载下已破坏的微元数目；N为岩石材料的总微元数目。

当加载到某一应变水平ε时，破坏的微元数目为：

$$n_b=N\int_0^{\varepsilon}P(\varepsilon)\mathrm{d}\varepsilon=N\int_0^{\varepsilon}\frac{m}{\varepsilon_0}\left(\frac{\varepsilon}{\varepsilon_0}\right)^{m-1}\mathrm{d}\varepsilon=N\left(\frac{\varepsilon}{\varepsilon_0}\right)^{m} \tag{3-4}$$

将式(3-4)代入式(3-3)可以得到受荷岩石以应变为损伤演化控制变量的微观损伤演化方程为：

$$D=\left(\frac{\varepsilon}{\varepsilon_0}\right)^{m} \tag{3-5}$$

假定岩石微元破坏前服从广义胡克定律：

$$\varepsilon=\frac{\sigma}{(1-D)E} \tag{3-6}$$

将式(3-5)代入式(3-6)整理后可得：

$$1-\frac{\sigma}{E\varepsilon}=\left(\frac{\varepsilon}{\varepsilon_0}\right)^{m} \tag{3-7}$$

对(3-7)式两边取自然对数，可得：

$$\ln\left(1-\frac{\sigma}{E\varepsilon}\right)=m(\ln\varepsilon-\ln\varepsilon_0) \tag{3-8}$$

通过对实验测试的应力—应变数据进行拟合，得到参数m和ε_0的数值后，代入式(3-7)整理可得到基于幂函数分布的岩石损伤本构模型：

$$\sigma = E\varepsilon\left[1 - \left(\frac{\varepsilon}{\varepsilon_0}\right)^m\right] \tag{3-9}$$

岩石从受力开始到宏观破裂的过程是微裂隙的发生、扩展、贯通的过程。分别对实验测试得到的不同煤试样应力—应变曲线进行模型参数拟合，以5#煤试样为例，分别采取峰后一段式和峰后两段式对实验曲线进行拟合，拟合结果见图3.5。

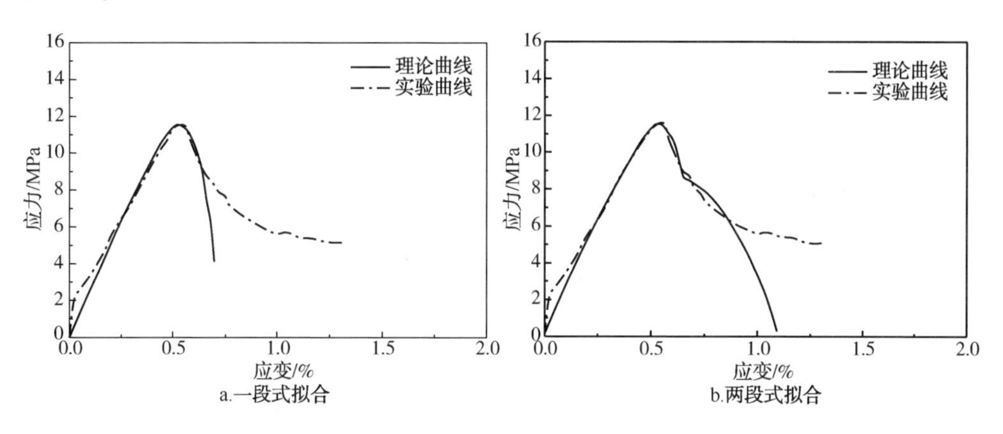

图3.5　5#煤样应力—应变曲线理论计算与实验测试结果对比

由图3.5可看出：5#煤样的应力—应变曲线在峰前拟合较好，但在峰后无论是采用一段式还是两段式拟合效果都较差，因此尝试在峰后采用三段式进行拟合，拟合关系曲线见图3.6。

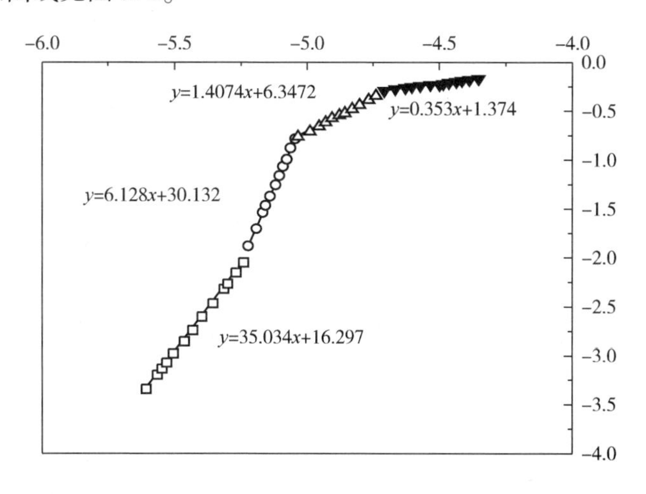

图3.6　5#煤试样统计损伤本构模型参数拟合

图 3.6 显示基于幂函数分布的损伤本构模型各拟合参数与实验测试结果符合程度很好。其他煤样按相同方法，将煤试样拟合曲线的斜率、截距提取出来，得到基于幂函数分布的煤损伤本构模型关键参数 m 和 ε_0 如表 3-2 所示。

表 3-2　不同煤试样损伤本构模型参数拟合结果

序号	1#		2#		3#	
参数	m	ε_0	M	ε_0	m	ε_0
峰前	0. 1	12	1. 1702	0. 01959	5. 1679	0. 008987
峰后 1	1. 3014	0. 015646	1. 7248	0. 012154	3. 038	0. 011
峰后 2	0. 2472	0. 024758	0. 467	0. 0195	1. 4623	0. 01453
峰后 3	0. 0818	0. 0493	0. 2521	0. 0268	0. 704	0. 021
序号	4#		5#		6#	
参数	m	ε_0	M	ε_0	m	ε_0
峰前	2. 1531	0. 02057	3. 5034	0. 009545	11. 788	0. 0046
峰后 1	4. 0195	0. 01468	6. 128	0. 00732	6. 6169	0. 00525
峰后 2	1. 8337	0. 01825	1. 4074	0. 011	2. 8759	0. 0065
峰后 3	0. 8473	0. 024253	0. 353	0. 0204	0. 6348	0. 0115

为了进一步证明本节建立的基于统计损伤煤本构关系模型能够准确描述煤受载过程的应力—应变关系，将模型计算结果与实验曲线进行了对比验证。将实验测得的各参数代入本构模型计算得到不同煤试样的应力—应变理论关系曲线，与实验曲线对比如图 3.7 所示。

综合对比图 3.5 和图 3.7 结果很容易看出，在峰后采用一段式或者两段式来描述煤的应力—应变曲线是不准确的。说明煤在峰后产生破坏过程，微裂纹的增加、汇聚和扩展过程不能用同一种幂函数变化规律来表示。但峰后采用三种变化规律基本能准确描述煤的破坏过程，说明破坏过程中煤内部破裂在不同破坏阶段其裂缝生长和扩展规律不同，要用不同的变化规律来描述，但整体上不同阶段仍能用幂函数变化规律来很好的解释。证明在峰后采用三段式进行拟合得到的煤应力—应变曲线与实验测试结果拟合较好。

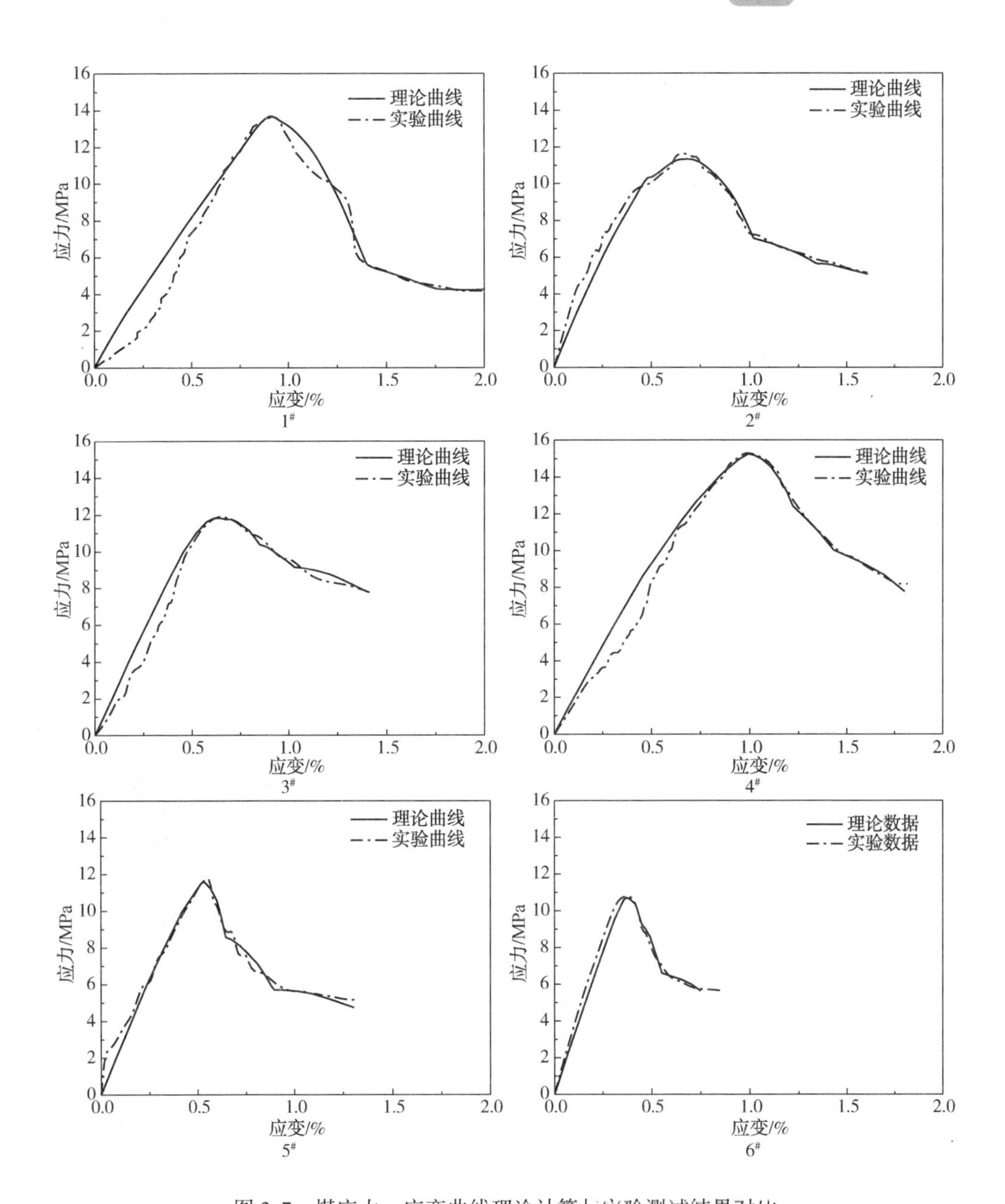

图 3.7 煤应力—应变曲线理论计算与实验测试结果对比

3.2.4 基于统计损伤本构模型的煤脆性评价

从煤压缩破坏过程的能量变化入手进行研究，分析煤变形破坏过程中内部储存的弹性变形能、塑性变形所需的耗散能和破坏所需的断裂能之间的关系。

并将描述煤强度变化规律的损伤本构关系引入，得出能够描述煤脆性的评价指标。

以往应用能量法评价岩石脆性的指标，大都基于应力峰值强度前的能量变化进行分析，几乎不考虑峰后破坏阶段的能量变化，但从 3.2.1 节岩石破坏过程的能量演化特征描述可以看出，峰后的能量演化规律对岩石破裂的难易程度有很大影响，所以本书提出基于破坏峰值应力前、后两个阶段即加载直至破坏全过程的能量演化特征来评价煤脆性。

图 3.8 分别表示了煤受载破坏的应力峰值前、后两个阶段的能量分布。在峰前阶段，S_{OABC}所代表的面积即为煤在压缩过程中的塑性变形所消耗的耗散能，S_{CBD}所代表的面积即为煤压缩过程中实际储存的弹性变形能。在峰后阶段，S_{CBED}所代表的面积即为煤在破坏过程中所耗散的断裂能，S_{DBEF}所代表的面积即为煤在破坏过程中所需的外载继续做功来维持断裂的能量，S_{DEF}所代表的面积即为煤在破坏后剩余在试样中的残余能量。

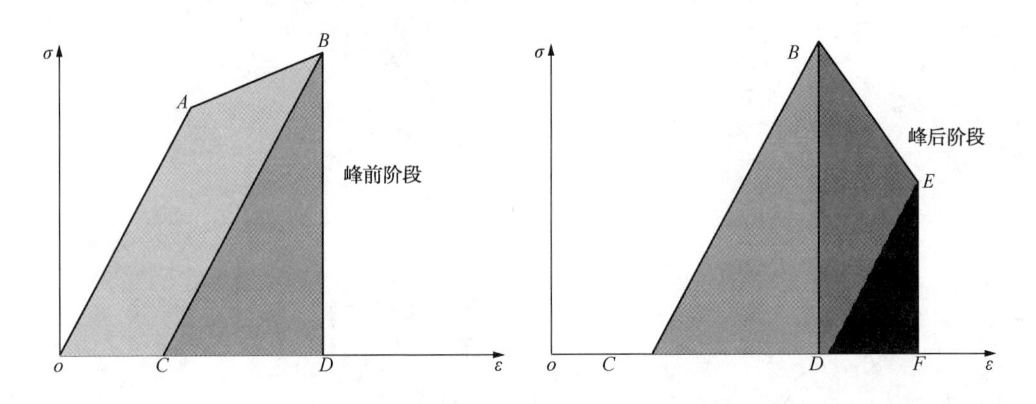

图 3.8　煤破坏应力峰值前后能量演化特征

本节依据整个破坏过程的能量演化特征，采用峰值前、后的脆性指数乘积来计算煤的脆性。故定义煤的脆性指标 B_{bf} 为：

$$B_{bf} = B_{prt} \cdot B_{aft} \tag{3-10}$$

式中，B_{bf}为煤的脆性指数；B_{prt}为峰值应力前阶段煤的脆性指数；B_{aft}为峰值应力后阶段煤的脆性指数。

根据煤破坏过程的能量演化规律，分别定义 B_{prt}和 B_{aft}为：

$$B_{prt} = \frac{S_{CBD}}{S_{CBD} + S_{OABC}} = \frac{\sigma_B^2}{2E \cdot W_s} \tag{3-11}$$

$$B_{\text{aft}}=\frac{S_{\text{CBD}}}{S_{\text{CBD}}+S_{\text{DBEF}}-S_{\text{DEF}}}=\frac{\sigma_{\text{B}}^{2}}{\sigma_{\text{B}}^{2}+2E\cdot W_{\text{r}}-E\cdot\sigma_{\text{E}}(\varepsilon_{\text{E}}-\varepsilon_{\text{B}})}\tag{3-12}$$

式(3-11)和(3-12)中各符号表达式如下：

$$S_{\text{CBD}}=\frac{1}{2}\times BD\times CD=\frac{1}{2}\times BD\times\frac{BD}{E}=\frac{1}{2}\times\sigma_{\text{B}}\times\frac{\sigma_{\text{B}}}{E}=\frac{\sigma_{\text{B}}^{2}}{2E}$$

$$S_{\text{CBD}}+S_{\text{OABC}}=W_{\text{s}}=\int_{0}^{\varepsilon_{\text{p}}}E\varepsilon\left[1-\left(\frac{\varepsilon}{\varepsilon_{0}}\right)^{m}\right]\text{d}\varepsilon=\frac{1}{2}E\varepsilon_{\text{p}}^{2}-\frac{E}{m+2}\left(\frac{1}{\varepsilon_{0}}\right)^{m}\cdot\varepsilon_{p}^{m+2}$$

$$S_{\text{DEF}}=\frac{1}{2}\times DF\times EF=\frac{1}{2}\times(\varepsilon_{\text{E}}-\varepsilon_{\text{B}})\times\sigma_{\text{E}}$$

$$S_{\text{DBEF}}=W_{\text{r}}=\int_{\varepsilon_{\text{p}}}^{\varepsilon_{\text{f}}}E\varepsilon\left[1-\left(\frac{\varepsilon}{\varepsilon_{0}}\right)^{m}\right]\text{d}\varepsilon=\frac{1}{2}E(\varepsilon_{\text{f}}^{2}-\varepsilon_{\text{p}}^{2})-\frac{E}{m+2}\left(\frac{1}{\varepsilon_{0}}\right)^{m}\cdot(\varepsilon_{\text{f}}^{m+2}-\varepsilon_{\text{p}}^{m+2})$$

式中，W_{s}和 W_{r}分别为峰前和峰后总能量，J。

根据(3-10)式可得到煤的脆性指数 B_{bf}为：

$$B_{\text{bf}}=\frac{\sigma_{\text{B}}^{4}}{2E\cdot\sigma_{\text{B}}^{2}\cdot W_{\text{s}}+4E^{2}\cdot W_{\text{s}}\cdot W_{\text{r}}-2E^{2}\cdot W_{\text{s}}\cdot\sigma_{\text{E}}\cdot(\varepsilon_{\text{E}}-\varepsilon_{\text{B}})}\tag{3-13}$$

应用(3-13)式即可完成对煤脆性的定量评价。下面举例说明如何使用本章模型完成对煤的脆性计算和评价。

根据实验数据(见表3-3)，应用式(3-13)对不同煤样的脆性进行计算，计算结果见表3-4。根据计算结果可知，计算的煤的脆性指数越大，煤的脆性越好，且煤的脆性受煤峰值应力前阶段和峰值应力后阶段脆性指数共同影响。由表3-4容易看出，随着 S_{OABC}的减小，峰前的脆性指数逐渐增大，煤的脆性指数随之增大。说明煤的脆性受 S_{OABC}的影响较为明显，而其代表了煤在压缩过程中的塑性变形所消耗的耗散能，即岩石压缩过程中用于弹性变形积累的能量越多，塑性变形耗散的能量越少，则其脆性特征越明显。

表 3-3　不同煤试样损伤本构模型参数

参数 \ 序号	1#	2#	3#	4#	5#	6#
E/MPa	2983	2626	2256	1948	2525	3150
ε_{p}	0.009	0.0068	0.0063	0.01	0.0053	0.0038
ε_{f}	0.0176	0.0133	0.014	0.018	0.0089	0.0055

表 3-4　不同煤试样脆性评价指标计算结果

参数 / 序号	S_{CBD}	S_{OABC}	S_{DEF}	S_{DBEF}	B_{prt}	B_{aft}	B_{bf}
1#	0. 0319	0. 0329	0. 0183	0. 0717	0. 49	0. 373	0. 183
2#	0. 0243	0. 0244	0. 0185	0. 0529	0. 499	0. 415	0. 207
3#	0. 0316	0. 0112	0. 0302	0. 0747	0. 739	0. 415	0. 307
4#	0. 0605	0. 027	0. 0313	0. 0882	0. 629	0. 517	0. 316
5#	0. 027	0. 0068	0. 0104	0. 0308	0. 799	0. 574	0. 459
6#	0. 0184	0. 00291	0. 00595	0. 0164	0. 864	0. 639	0. 552

此外，应用本章模型还对煤脆性的影响因素进行了分析，分别计算了煤试样弹性模量、峰值应变和残余应变对脆性指数的影响。以 6#岩芯数据为例，分别改变不同参数数值来计算分析。图 3. 9a 表明，峰值应变和残余应变及其他参数不变时，随着煤试样弹性模量增加，煤脆性逐渐变差。对比图 3. 9b，可以很明显的看出弹性模量增大以后，峰前阶段的塑性变形所消耗的耗散能逐渐增大，进而导致随峰前弹性模量增加，煤脆性指数逐渐减小。

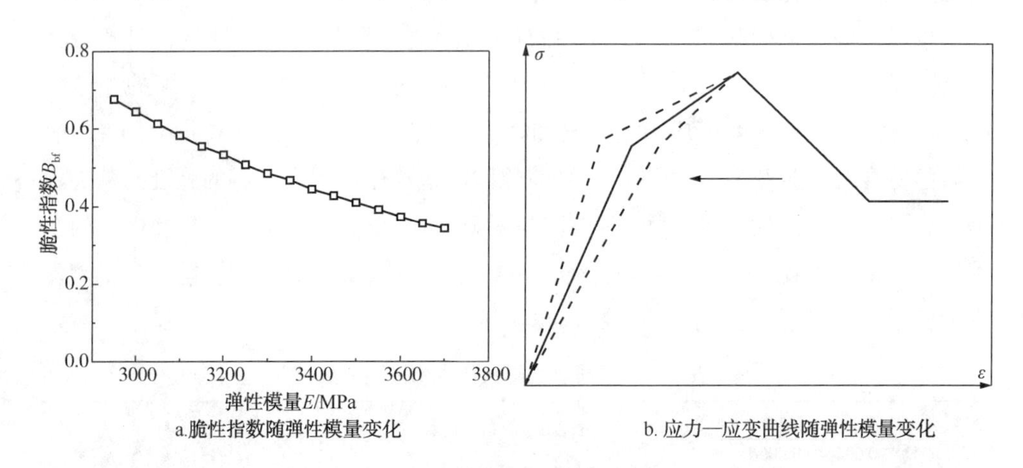

图 3. 9　煤试样弹性模量对脆性指数影响

图 3. 10a 表明弹性模量和残余应变及其他参数不变时，随着煤试样峰值应变增加，煤脆性逐渐变差。对比图 3. 10b 可知峰值应变增加后峰前阶段的塑性变形所消耗的耗散能明显增大，峰后阶段岩石在破坏过程中所需外载继续做功来维持

断裂的能量有所减小，呈现出峰前脆性指数减小而峰后脆性指数增加的现象，总体上随峰值应变增加煤脆性指数逐渐减小。

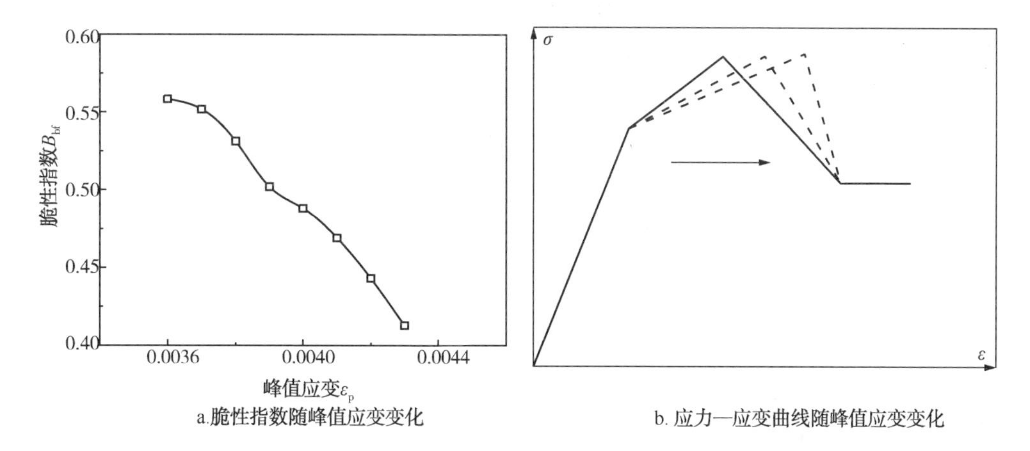

a.脆性指数随峰值应变变化　　b. 应力—应变曲线随峰值应变变化

图 3. 10　煤试样峰值应变对脆性指数影响

图 3. 11a 表明弹性模量和峰值应变及其他参数不变时，随着煤试样残余应变增加，煤脆性逐渐变差。对比图 3. 11b 可知残余应变增加后峰前阶段各种能量并没有发生改变，峰后阶段岩石断裂所需的断裂能不断增加，在破坏过程中所需外载继续做功来维持断裂的能量也逐渐增大，呈现出峰前脆性指数不变而峰后脆性指数减小，总体上随残余应变增加煤脆性指数逐渐减小。

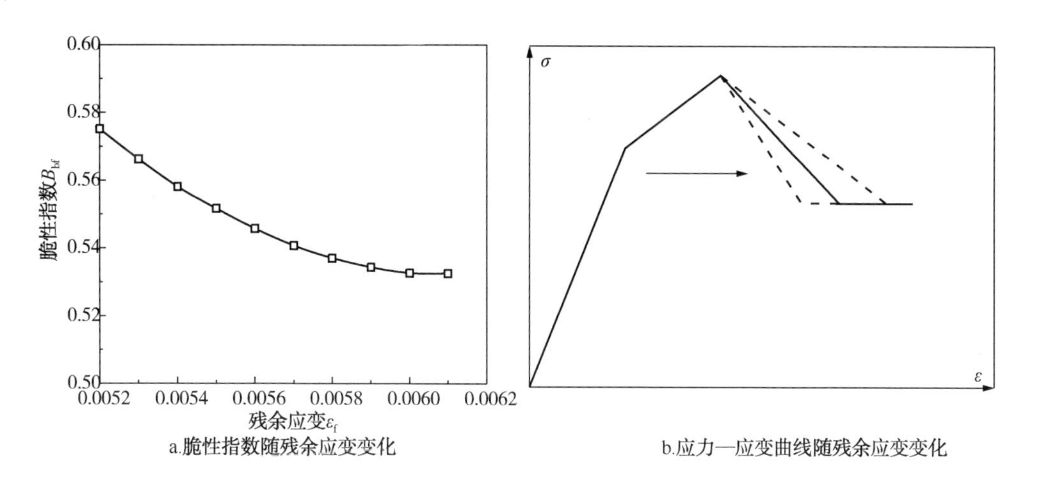

a.脆性指数随残余应变变化　　b.应力—应变曲线随残余应变变化

图 3. 11　煤试样残余应变对脆性指数影响

本章研究提出了一种用于评价煤脆性的理论方法，并建立了相应计算模型。但本章研究仍存在许多需要改进与完善的地方。例如，基于微观统计损伤方法来确定岩石本构模型时，对于峰后阶段损伤变量的拟合确定仍是技术难点。通过本研究确定出峰后阶段采用三段式拟合能获得较好的效果，但选择三段或更多段所反映出的物理原理还不得而知，煤破坏阶段其内部裂隙损伤演化的物理内涵还没有很好的解释。其次本章建立模型计算得到的结果需要通过现场实验进一步验证，使理论模型具有更好的适用性。基于统计损伤理论结合岩石破裂过程能量演化规律来评价煤脆性具有重要的现实意义和理论创新价值，今后应继续深入研究并不断发现和解决新问题，建立和完善适用于煤脆性评价的理论体系。

4 煤层气井水力压裂裂缝起裂机理

煤层气井水力压裂，新裂缝的起裂可能发生于裸眼井壁和射孔孔壁处，也可能在远离井壁一定范围内产生裂缝起裂，与完井方式、煤层力学特性等特定因素密切相关。本章主要围绕煤层气井压裂时可能产生的裂缝起裂方式以及相应的起裂机理展开研究。

4.1 裸眼井壁与射孔孔壁的裂缝起裂机理

目前人们对于砂岩等常规储层水力压裂裂缝起裂的研究，主要依据弹性力学的拉伸破坏准则，以均质地层假设为前提，建立相应计算模型。对于裂缝性储层，主要考虑储层裂缝对裸眼井和射孔井破裂压力的影响，来建立相应计算模型。而对于煤层水力压裂起裂压力的计算，仍借鉴已有砂岩储层起裂压力计算方法，或采用有限元软件进行模拟，还缺少较为完善的理论模型来计算和分析煤层割理、裂隙等对裂缝起裂的影响。本节基于弹性力学理论，推导煤层裸眼井壁和射孔孔壁的应力分布，基于煤割理不同空间位置的受力状况，建立不同完井方式下的煤层气井水力压裂起裂压力计算模型。

4.1.1 井壁围岩与射孔孔眼力学模型

煤是发育大量割理、裂隙等结构弱面的裂隙岩体，其中面割理和端割理在空间上交割成立体网状(见图 2.2 和图 2.6)。煤基质裂隙网络系统的复杂性，造成其水力压裂时裂缝起裂与常规砂岩储层等有较大差别。考虑煤中结构弱面的影响，建立井壁围岩二维力学模型和射孔井孔壁与割理交汇物理模型见图 4.1。

煤体承受最大水平主应力 σ_H 和水平最小主应力 σ_h 以及井眼内流体压力 p_w 的作用。煤体内的面割理和端割理两种裂隙相交组合分布，其中面割理与最大水平主应力方向的夹角为 A，由于煤体面割理与端割理间近似垂直发育，故面割理与端割理的夹角 B 取为 90°。提出如下基本假设：

（1）压裂破裂前的煤是均匀各向同性的线弹性多孔介质，面割理有相同的走向和倾角，端割理也具有相同走向和倾角，面割理与端割理相互影响可忽略。

（2）忽略压裂液与煤之间物理化学作用的影响。

（3）忽略压裂液与井筒周围煤层温差引起的附加热应力的影响。

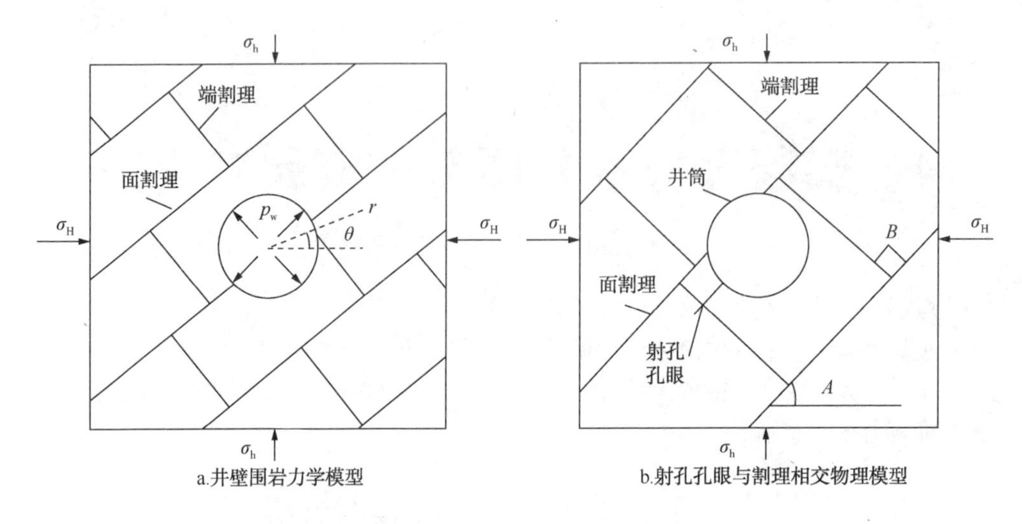

图 4.1　煤层气井井壁围岩与射孔孔眼力学模型

(4) 煤内面割理或端割理与裸眼井壁和射孔孔眼相交。

(5) 对于射孔井，忽略水泥环对套管—水泥环胶结强度和裂缝起裂的影响。

4.1.2　井壁与射孔孔眼周围应力分布计算模型

在最大水平主应力、水平最小主应力、上覆岩层应力和井筒内压裂液压力以及压裂液渗滤效应作用下，井筒附近区域存在应力集中现象。假设拉应力为负，压应力为正，可以得出：

$$
\begin{cases}
\sigma_r = \dfrac{r_w^2}{r^2}p_w + \dfrac{1}{2}(\sigma_H + \sigma_h)\left(1 - \dfrac{r_w^2}{r^2}\right) + \dfrac{1}{2}(\sigma_H - \sigma_h)\left(1 + \dfrac{3r_w^4}{r^4} - \dfrac{4r_w^2}{r^2}\right)\cos 2\theta \\
\qquad + \left[\dfrac{\alpha(1-2\mu)}{2(1-\mu)}\left(1 - \dfrac{r_w^2}{r^2}\right) - \varphi\right](p_w - p_p) \\
\sigma_\theta = -\dfrac{r_w^2}{r^2}p_w + \dfrac{1}{2}(\sigma_H + \sigma_h)\left(1 + \dfrac{r_w^2}{r^2}\right) - \dfrac{1}{2}(\sigma_H - \sigma_h)\left(1 + \dfrac{3r_w^4}{r^4}\right)\cos 2\theta \\
\qquad + \left[\dfrac{\alpha(1-2\mu)}{2(1-\mu)}\left(1 + \dfrac{r_w^2}{r^2}\right) - \varphi\right](p_w - p_p) \\
\sigma_z = \sigma_v - 2\mu(\sigma_H - \sigma_h)\dfrac{r_w^2}{r^2}\cos 2\theta + \left[\dfrac{\alpha(1-2\mu)}{1-\mu} - \varphi\right](p_w - p_p) \\
\tau_{r\theta} = -\dfrac{1}{2}(\sigma_H - \sigma_h)\left(1 - \dfrac{3r_w^4}{r^4} + \dfrac{2r_w^2}{r^2}\right)\sin 2\theta \\
\tau_{\theta z} = \tau_{rz} = 0
\end{cases}
\tag{4-1}
$$

式中，σ_r井眼周围径向应力，MPa；σ_θ 为井眼周围周向应力，MPa；σ_z为井眼周围垂向应力，MPa；$\tau_{r\theta}$、$\tau_{\theta z}$和τ_{rz}为剪切应力，MPa；σ_H为最大水平主应力，MPa；σ_h为水平最小主应力，MPa；σ_v为上覆岩层应力，MPa；r 为井眼周围任意一点极坐标半径，m；r_w为井眼半径，m；μ 为泊松比，无量纲；p_w为井眼内流体压力，MPa；p_p为煤层初始孔隙压力，MPa；θ 为径向上最大水平主应力方向逆时针旋转的极角，(°)；α 为 Biot 系数；ϕ 为煤层孔隙度。

式(4-1)为煤层裸眼井壁的应力分布计算模型，而对于射孔完井，近井筒和射孔孔眼附近都存在应力集中现象。考虑到射孔完井是在下套管固井后实施的，故计算射孔井井壁应力时不考虑压裂液的渗滤效应，可以忽略式(4-1)中的流体渗流附加应力。将射孔孔眼看成是小的裸眼井筒与井眼轴线正交(见图 4.2)，孔眼受力由井眼周围的应力分布决定，孔眼轴向作用井眼周围的径向应力σ_r，水平方向作用周向应力σ_θ，垂直方向作用垂向应力σ_z，还受相应剪切应力$\tau_{r\theta}$作用。由于压裂时孔眼壁面同时作用压裂液压力，对于孔眼壁面应考虑压裂液的渗流效应，可得到射孔孔眼周围的应力分布为：

$$
\begin{cases}
\sigma_{pr} = \dfrac{\sigma_\theta + \sigma_z}{2}\left(1 - \dfrac{r_p^{\ 2}}{L_p^{\ 2}}\right) + \dfrac{\sigma_\theta - \sigma_z}{2}\left(1 + \dfrac{3r_p^{\ 4}}{L_p^{\ 4}} - \dfrac{4r_p^{\ 2}}{L_p^{\ 2}}\right)\cos 2\beta + \dfrac{r_p^{\ 2}}{L_p^{\ 2}}p_w \\
\qquad + \left[\dfrac{\alpha(1-2\mu)}{2(1-\mu)}\left(1 - \dfrac{r_p^{\ 2}}{L_p^{\ 2}}\right) - \varphi\right](p_w - p_p) \\
\sigma_{p\theta} = \dfrac{\sigma_\theta + \sigma_z}{2}\left(1 + \dfrac{r_p^{\ 2}}{L_p^{\ 2}}\right) - \dfrac{\sigma_\theta - \sigma_z}{2}\left(1 + \dfrac{3r_p^{\ 4}}{L_p^{\ 4}}\right)\cos 2\beta - \dfrac{r_p^{\ 2}}{L_p^{\ 2}}p_w \\
\qquad + \left[\dfrac{\alpha(1-2\mu)}{2(1-\mu)}\left(1 + \dfrac{r_p^{\ 2}}{L_p^{\ 2}}\right) - \varphi\right](p_w - p_p) \\
\sigma_{pz} = \sigma_r - 2\mu(\sigma_\theta - \sigma_z)\dfrac{r_p^{\ 2}}{L_p^{\ 2}}\cos 2\beta + \left[\dfrac{\alpha(1-2\mu)}{1-\mu} - \varphi\right](p_w - p_p) \\
\tau_{pz\beta} = \tau_{r\theta}\sin\beta\left(1 + \dfrac{r_p^{\ 2}}{L_p^{\ 2}}\right) \\
\tau_{pr\beta} = -\dfrac{\sigma_\theta - \sigma_z}{2}\left(1 - \dfrac{3r_p^{\ 4}}{L_p^{\ 4}} + \dfrac{2r_p^{\ 2}}{L_p^{\ 2}}\right)\sin 2\beta \\
\tau_{prz} = -\tau_{r\theta}\cos\beta\left(1 - \dfrac{r_p^{\ 2}}{L_p^{\ 2}}\right)
\end{cases}
\tag{4-2}
$$

式中，σ_{pr}为射孔孔眼周围的径向应力，MPa；$\sigma_{p\beta}$为射孔孔眼周围的周向应力，MPa；σ_{pz}为射孔孔眼周围的垂向应力，MPa；$\tau_{pr\beta}$、τ_{prz}和$\tau_{pz\beta}$为剪切应力，MPa；r_p为射孔孔眼半径，m；L_p为距离射孔孔眼轴线的距离，m；β为孔眼径向上井眼周向应力逆时针旋转的极角，(°)。

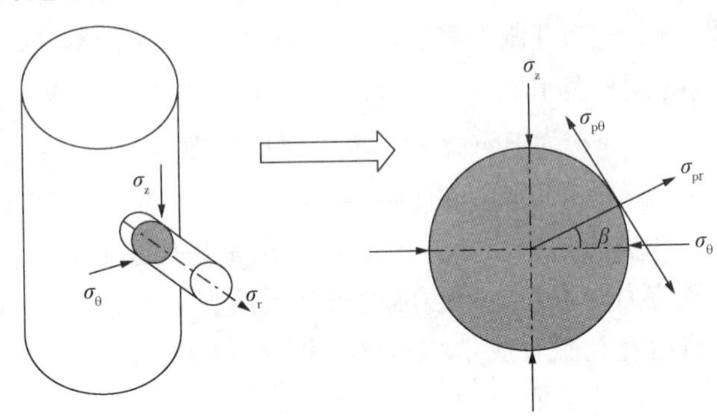

图 4.2　射孔孔眼围岩受力示意图

4.1.3　裸眼完井裂缝起裂模型

裸眼完井条件下，井眼钻遇煤层内部的面割理和端割理(见图 4.1)，将影响井壁上压裂裂缝的起裂位置和起裂压力的大小。可以根据裸眼井壁应力状态和煤层割理的受力状况，分别建立裸眼完井压裂裂缝从煤本体和割理开裂的起裂压力计算模型。

图 4.3 表示煤层割理与裸眼井筒交汇的空间几何形态，根据式(4-1)可知压裂过程井壁上($r=r_w$)各方向剪应力均为 0，因此，裸眼井壁处的 3 个主应力分别为：

$$\begin{cases}\sigma_1=\sigma_r\\ \sigma_2=\sigma_z\\ \sigma_3=\sigma_\theta\end{cases} \tag{4-3}$$

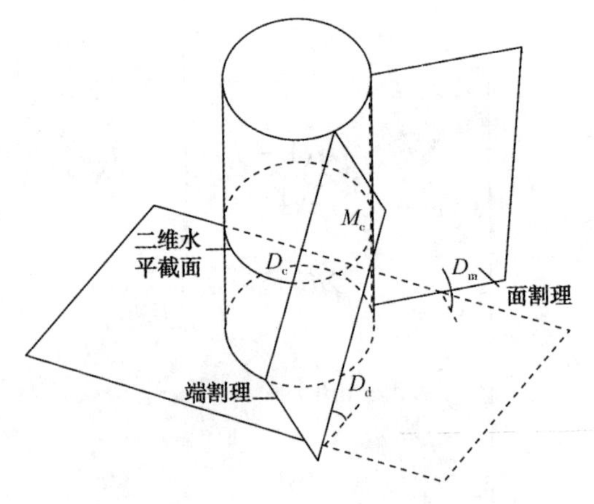

图 4.3　煤层裸眼完井井筒与割理相交示意图

在主应力作用下，裸眼井壁可能发生的破坏形式有 5 种：从井壁煤本体起裂、沿面割理张性破裂、沿面割理剪切破坏、沿端割理张性破裂和沿端割理剪切破坏。压裂过程发生的破坏形式应通过对相应力学状态计算分析来判别。

4.1.3.1 裂缝沿井壁煤本体起裂

水力压裂时，裸眼井壁的周向应力 σ_θ 为拉应力，根据断裂力学的拉伸破坏准则，井壁起裂条件可以表示为：

$$\sigma_\theta - \alpha p_p \leqslant -\sigma_t \tag{4-4}$$

式中，σ_t为井壁处煤抗张强度，MPa。

式(4-4)描述了裸眼井壁起裂是由于井眼内液柱压力增加，使井壁煤所受的周向应力超过煤的抗张强度造成的，属于拉伸破坏。通常起裂方位为 σ_θ 最小值的方向，对应的方位角 θ 为 0°或 180°。

4.1.3.2 裂缝沿与井壁相交割理起裂

煤层裸眼井水力压裂沿割理起裂可能发生于面割理或端割理，主要取决于不同情况的割理受力状况及相应的压裂液压力大小。以面割理的破坏起裂为例，详细分析沿割理起裂的力学机理。

(1) 沿面割理张性破坏起裂。

首先建立坐标系如下：在大地坐标系下($\boldsymbol{i}$，$\boldsymbol{j}$，$\boldsymbol{k}$)，其中 $\boldsymbol{i}$ 为地理正北 N 方向单位矢量，$\boldsymbol{j}$ 为地理正东 E 方向单位矢量，$\boldsymbol{k}$ 为地心铅垂反方向单位矢量。面割理走向为北偏东 N_m，水平倾角为 D_m，端割理走向为北偏东 N_d，且 $N_d - N_m = \pm\pi/2$，水平倾角为 D_d，最大水平主应力方向为北偏东 H_z。受力分析的二维水平截面与面割理在井壁的交点 M_c 方位为北偏东 N_{mc}，与端割理在井壁的交点 D_c 方位为北偏东 N_{dc}。其中，D_m、N_d、N_m、D_d、H_z、N_{mc} 单位为度(°)。

在上述坐标系下，面割理的方向矢量为：

$$n_m = (-\sin D_m \cos N_m)\boldsymbol{i} + (\sin D_m \sin N_m)\boldsymbol{j} + \cos D_m \boldsymbol{k} \tag{4-5}$$

主应力 σ_1 的方向矢量为：

$$n_{mz}(\sigma_1) = \cos N_{mc}\boldsymbol{i} + \sin N_{mc}\boldsymbol{j} \tag{4-6}$$

主应力 σ_2 的方向矢量为：

$$n_{mz}(\sigma_2) = \boldsymbol{k} \tag{4-7}$$

主应力 σ_3 的方向矢量为：

$$n_{mz}(\sigma_3) = -\sin N_{mc}\boldsymbol{i} + \cos N_{mc}\boldsymbol{j} \tag{4-8}$$

在面割理与裸眼井壁交点处，面割理受到的正应力为：

$$\sigma_{mn} = \cos^2\gamma_{m1}\sigma_1 + \cos^2\gamma_{m2}\sigma_2 + \cos^2\gamma_{m3}\sigma_3 \tag{4-9}$$

式中，σ_{mn} 为作用于面割理上的正应力，MPa；γ_{mi} 为面割理的面法线与第 i 主应力夹角，(°)，i=1、2、3。

可根据弹塑性力学中两向量夹角公式将 γ_{mi} 的余弦表示如下：

$$\cos\gamma_{mi} = \frac{n_m \cdot n_{mz}(\sigma_i)}{|n_m| \cdot |n_{mz}(\sigma_i)|} \quad (i=1、2、3) \tag{4-10}$$

而通过计算也可分别得到γ_{mi}表达式：

$$\gamma_{m1} = \arccos\left| -\sin D_m \cos N_m \cos N_{mc} + \sin D_m \sin N_m \sin N_{mc} \right| \tag{4-11}$$

$$\gamma_{m2} = D_m \tag{4-12}$$

$$\gamma_{m3} = \arccos\left| \sin D_m \cos N_m \sin N_{mc} + \sin D_m \sin N_m \cos N_{mc} \right| \tag{4-13}$$

由于面割理与井壁相交，可以认为此时井眼内液柱压力等于面割理内流体压力。当该压力达到或大于面割理所受的有效压应力时，将沿面割理发生张性起裂，其起裂条件可以表示为：

$$p_w - \alpha p_p \geqslant \sigma_{mn} \tag{4-14}$$

(2) 沿面割理剪切破坏起裂。

煤割理相对煤本体来说，也可看成是力学性质薄弱的结构弱面。参考 Jaeger 等人建立的裂隙岩体强度计算模型，考虑当作用于面割理的剪切应力大于面割理本身的抗剪切强度时，面割理发生剪切破坏，所以有：

$$\sigma_1 - \sigma_3 \geqslant \frac{2(\tau_{m0} + \mu_m \sigma_3)}{(1 - \mu_m \cot\gamma_{m1})\sin 2\gamma_{m1}} \tag{4-15}$$

式中，τ_{m0}为面割理内煤黏聚力，MPa；μ_m为面割理的内摩擦系数，无量纲。

(3) 沿端割理起裂。

水力裂缝沿端割理张性起裂和剪切起裂的力学机理与在面割理处发生起裂相同，需分别计算压裂时端割理承受的壁面正应力和剪应力大小，再根据相应压裂液压力下的抗拉和抗剪强度情况分析其发生起裂的模式，此处不再赘述。

4.1.3.3 裸眼井压裂的起裂压力

(1) 起裂压力和起裂模式判别。

煤层裸眼完井水力压裂时，裂缝的起裂压力应根据煤本体、面割理和端割理对应的几种起裂模式中最易发生的模式来确定，通过计算上述不同类型起裂压力的最小值即为实际的起裂压力，相应的起裂模式即为实际发生的起裂原因。所以，煤层裸眼完井水力压裂起裂压力为：

$$p_{lf} = \min\{p_{bf},\ p_{mzf},\ p_{mjf},\ p_{dzf},\ p_{djf}\} \tag{4-16}$$

式中，p_{lf}为煤层裸眼完井水力压裂起裂压力，MPa；p_{bf}为裸眼完井水力裂缝从煤本体起裂的起裂压力，MPa；p_{mzf}、p_{mjf}分别为裸眼完井水力裂缝从面割理发生张性破坏和剪切破坏的起裂压力，MPa；p_{dzf}、p_{djf}分别为裸眼完井水力压裂从端割理发生张性破坏和剪切破坏的起裂压力，MPa。

(2) 裸眼井压裂起裂模型实例应用及起裂影响因素分析。

某裸眼完井煤层气井 HX-L1，通过测井和取芯资料，并经室内实验测定，得到基础数据见表 4-1。

表 4-1 基础数据表

名称	数值	名称	数值
最大水平主应力/MPa	12. 29	最大水平主应力方向	NE72. 32°
最小水平主应力/MPa	10. 14	上覆岩层应力/MPa	12. 56
地层孔隙压力/MPa	7. 41	孔隙度	0. 05
弹性模量/MPa	3800	泊松比	0. 31
煤本体抗张强度/MPa	0. 76	有效应力系数	0. 9
井眼半径/m	0. 1	面割理走向	NE54°
端割理平均倾角/(°)	84	面割理平均倾角/(°)	89
端割理内煤黏聚力/MPa	0. 57	面隔离内煤黏聚力/MPa	0. 42
端割理内摩擦系数	0. 4	面割理内摩擦系数	0. 3

应用模型计算该裸眼井压裂沿煤本体起裂的压力为 16. 09MPa，沿面割理张性起裂和剪切破坏起裂的压力分别为 14. 81MPa 和 16. 24MPa，而沿端割理张性起裂和剪切破坏起裂的压力分别为 19. 17MPa 和 25. 03MPa。根据计算结果判定该井压裂应从面割理处张性起裂，起裂压力为 14. 81MPa。现场实际压裂施工井底压力计测量结果见图 4. 4，显示该井破裂压力为 15. 42MPa(图中第二个峰值点为破裂压力 15. 42MPa，第一个峰值是测试压裂不取用)，与计算结果 14. 81MPa 较为吻合，误差为 3. 96%，在工程应用的许可范围内。

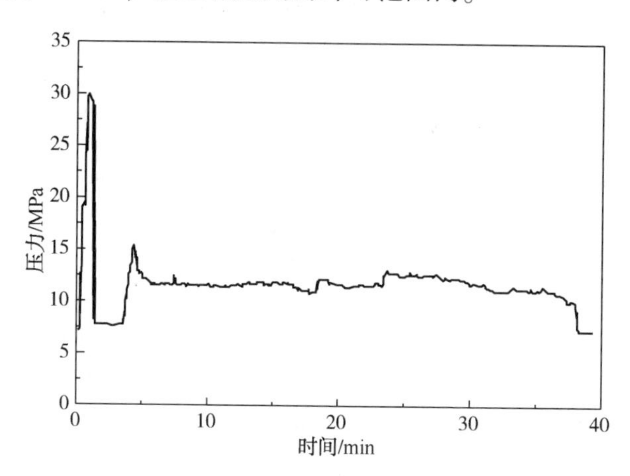

图 4. 4 HX-L1 井压裂施工井底压力变化曲线

为了明确压裂时不同因素对裸眼完井煤层气井水力压裂起裂压力的影响，在割理发育方向确定的情况下分别计算分析了煤层水平主应力差值、割理倾角和割理内煤黏聚力以及内摩擦系数等因素对起裂压力的影响。

图 4. 5 计算结果表明，随着面割理和端割理水平倾角增加，煤层压裂时面割理和端割理发生张性破裂和剪切破裂的起裂压力均减小。水平倾角等于 0°时，压裂使面割理和端割理发生破坏所需的压力最大。割理倾角大于 75°以后，发生张性和剪切破坏的起裂压力变化不再明显。

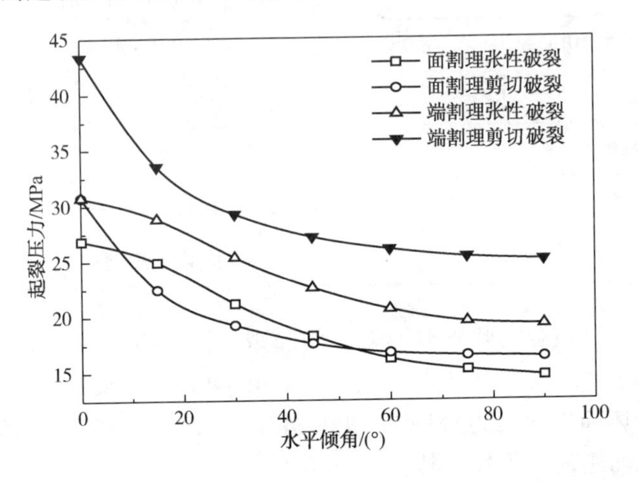

图 4. 5　割理倾角对割理起裂压力的影响

由于割理内煤黏聚力和壁面内摩擦系数的变化只对压裂时割理的剪切破坏起裂产生影响，因此根据计算结果绘制了面割理和端割理的剪切破坏起裂压力变化曲线(见图 4. 6 和图 4. 7)。

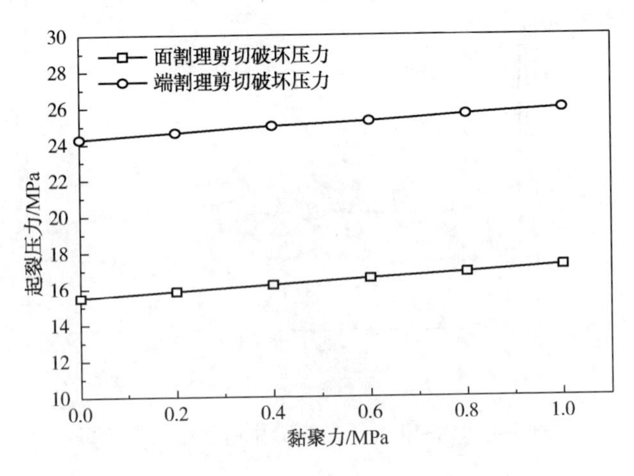

图 4. 6　割理内煤黏聚力对割理剪切破坏起裂压力的影响

根据图 4.6 和图 4.7 的计算结果可以得出，随着割理内煤黏聚力的增加，面割理和端割理剪切破坏起裂的压力均增加，但增加幅度较小。说明割理内煤黏聚力对割理剪切破坏起裂压力的影响并不显著。而随着割理壁面内摩擦系数的增加，面割理和端割理的剪切破坏起裂压力明显增大，表明壁面内摩擦系数的改变对割理剪切破坏起裂压力影响显著。

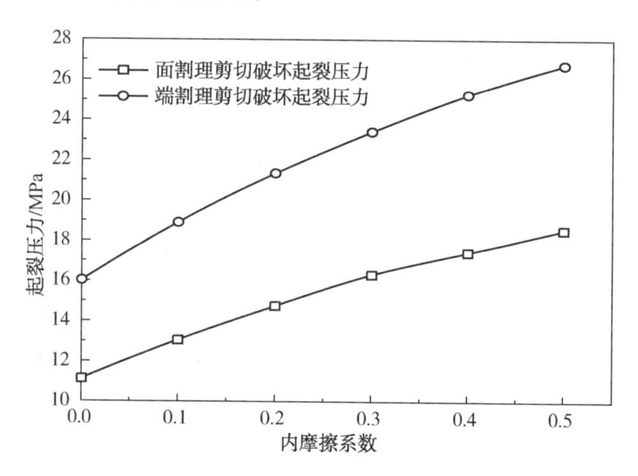

图 4.7 割理壁面内摩擦系数对割理剪切破坏起裂压力的影响

为了分析煤层水平最大、最小主应力差值对裸眼井起裂压力的影响，设定其他参数不变，改变水平最小主应力从 8.29MPa 增加至 12.29MPa，对应的煤层水平主应力差值分别为 4MPa、3MPa、2MPa、1MPa 和 0MPa，计算并绘制了如图 4.8 所示结果曲线。

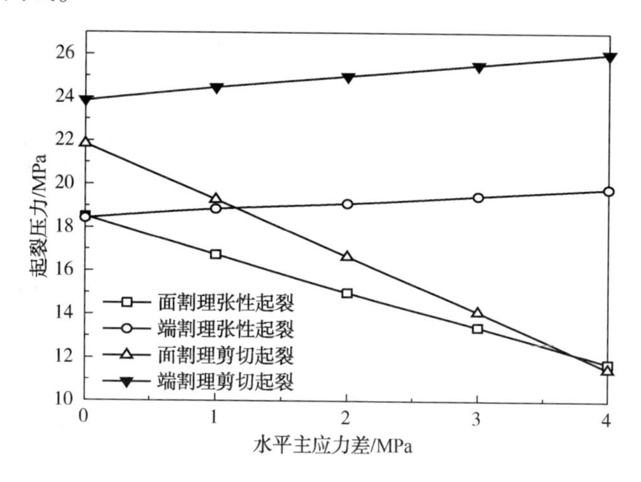

图 4.8 煤层水平主应力差值对割理起裂压力的影响

根据图 4.8 结果可以得出，随着煤层水平主应力差值的增加，面割理发生张性和剪切破坏的起裂压力均减小，而端割理发生张性和剪切破坏的起裂压力均增加。并且无论是面割理还是端割理，不管发生哪种破坏起裂，起裂压力随煤层水平主应力差值的变化都近似直线关系。另外从数值的变化幅度上也可以看出，煤层水平主应力差值的变化对面割理破坏起裂的影响较为明显。

4.1.4 射孔完井裂缝起裂模型

4.1.4.1 射孔完井裂缝起裂模式分析

(1) 射孔完井煤本体起裂。

水力压裂裂缝沿射孔孔壁煤本体起裂时，起裂位置应在孔壁最大拉应力处。射孔孔眼壁面任意点的最大拉应力可通过弹塑性力学的复合应力理论计算，其计算式为：

$$\sigma(\beta)=\frac{1}{2}\left[(\sigma_{\mathrm{pz}}+\sigma_{\mathrm{p}\beta})-\sqrt{(\sigma_{\mathrm{pz}}-\sigma_{\mathrm{p}\beta})^2+4\tau_{\mathrm{pz}\beta}^2}\right] \tag{4-17}$$

射孔孔壁的最大拉应力 $\sigma(\beta)$ 是关于 β 的函数，对式(4-17)求导可得到相应极值点对应的 $\sigma(\beta)$ 最大值。假设式(4-17)求导得射孔孔壁煤本体起裂的方位角为 β_0，相应的最大拉应力为 $\sigma(\beta_0)$，则根据弹性力学的张性破裂准则，采用有效应力计算射孔孔壁煤本体的起裂条件为：

$$\sigma(\beta_0)-\alpha p_{\mathrm{p}}\leqslant-\sigma_{\mathrm{t}} \tag{4-18}$$

(2) 沿与射孔孔眼相交的割理起裂。

为简化计算，将割理倾角均假定为 90°，只考虑二维平面条件下的割理起裂问题，该受力情况下裂缝为张性起裂，故可开展下述理论分析。当射孔孔眼与面割理或端割理相交时，水力压裂裂缝将以不同的起裂模式从面割理或端割理处开启。射孔孔眼与面割理相交时，建立物理模型见图 4.9。对于面割理上任意一点$(r,\ \phi)$，其正应力和剪应力可表示为：

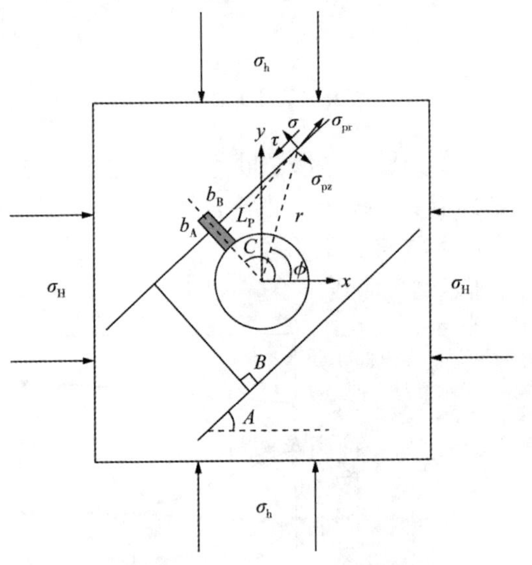

图 4.9 射孔孔眼与面割理相交时井壁应力分析

$$\begin{cases}\sigma(r,\ \phi)=\dfrac{(\sigma_x+\sigma_y)}{2}-\dfrac{(\sigma_x-\sigma_y)}{2}\cos 2A+\tau_{xy}\sin 2A \\ \tau(r,\ \phi)=\dfrac{(\sigma_x-\sigma_y)}{2}\sin 2A+\tau_{xy}\cos 2A\end{cases} \tag{4-19}$$

式中，$\sigma(r,\ \phi)$和$\tau(r,\ \phi)$分别为面割理上任意点$(r,\ \phi)$处的正应力和剪应力，MPa；σ_x和σ_y分别为井筒垂直截面上x和y方向上的主应力，MPa。

σ_x和σ_y的确定可首先通过式(4-2)确定射孔孔眼周围极坐标系下的应力分布，进行受力分解并在xy平面上进行坐标变换求取。特别当xy平面为过射孔孔眼轴线的截面时，可由孔眼应力分布进行坐标变换得出：

$$\begin{cases}\sigma_x=\sigma_{pr}\cos^2\left(A+\left|C-A-\dfrac{\pi}{2}\right|\right)+\sigma_{pz}\sin^2\left(A+\left|C-A-\dfrac{\pi}{2}\right|\right) \\ \qquad -\tau_{prz}\sin\left[2\left(A+\left|C-A-\dfrac{\pi}{2}\right|\right)\right] \\ \sigma_y=\sigma_{pz}\cos^2\left(A+\left|C-A-\dfrac{\pi}{2}\right|\right)+\sigma_{pr}\sin^2\left(A+\left|C-A-\dfrac{\pi}{2}\right|\right) \\ \qquad +\tau_{prz}\sin\left[2\left(A+\left|C-A-\dfrac{\pi}{2}\right|\right)\right] \\ \tau_{xy}=\dfrac{1}{2}(\sigma_{pr}-\sigma_{pz})\sin\left[2\left(A+\left|C-A-\dfrac{\pi}{2}\right|\right)\right] \\ \qquad +\tau_{prz}\cos\left[2\left(A+\left|C-A-\dfrac{\pi}{2}\right|\right)\right]\end{cases} \tag{4-20}$$

水力压裂时，孔眼内流体压力不断增加，面割理与孔壁交点b_A或b_B处流体压力大于面割理所受的正应力时，面割理发生张性破裂，故有起裂条件：

$$p_w-\alpha p_p\geqslant\sigma \tag{4-21}$$

通过面割理的张性起裂模式能够计算出射孔孔眼与面割理相交时裂缝的起裂压力，对于射孔孔眼与端割理相交的情况，其起裂压力计算方法与面割理的起裂计算方法相同。

4.1.4.2 射孔完井压裂起裂压力计算

(1) 射孔完井压裂起裂压力的确定。

对于射孔完井的煤层气井，其起裂模式和起裂压力取决于不同起裂模式下起裂压力的大小。假设从煤本体起裂时裂缝起裂压力为p_{bz}，沿面割理起裂时起裂压力为p_{mz}，沿端割理起裂的起裂压力为p_{dz}。则水力压裂时，裂缝的实际起裂压力应为3个值中的最小值，其起裂模式为该值对应的裂缝开启模式，压裂起裂压力可表示为：

$$p_{sf} = \min\{p_{bz},\ p_{mz},\ p_{dz}\} \tag{4-22}$$

式中，p_{sf}为煤层射孔完井水力压裂起裂压力，MPa。

(2) 射孔完井压裂起裂压力实例计算。

某煤层气井 HX-3，其与 HX-L1 井计算所采用数据基本相同，存在差别的数据为：HX-3 井目的层段水平最小主应力为 10.64MPa，上覆岩层应力为 12.96MPa，地层孔隙压力 8.81MPa，孔隙度 0.08，割理倾角在 82°~90°范围内。

采用本节模型计算得到 HX-3 井水力压裂煤本体裂缝起裂压力为 14.23MPa，面割理起裂压力为 10.71MPa，端割理起裂压力为 48.83MPa，故判定该井压裂应从面割理处起裂，且起裂压力为 10.71MPa。现场实际压裂施工井底压力计测量结果见图 4.10，显示该井破裂压力为 11.24MPa，与计算结果 10.71MPa 较为吻合，相对误差为 4.72%，同样在工程应用可接受的误差值范围内。

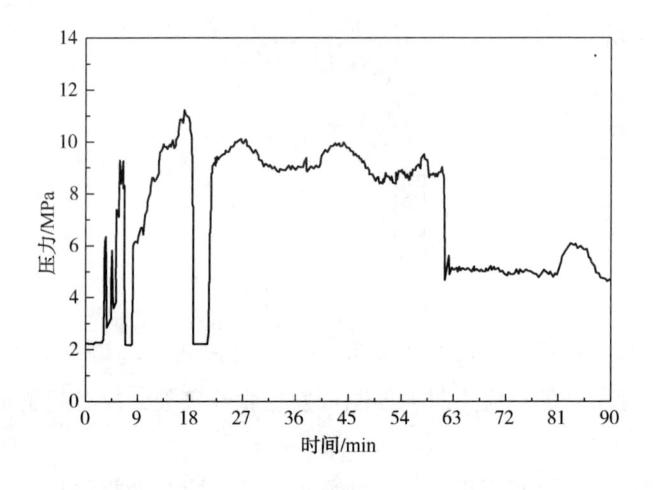

图 4.10　HX-3 井压裂施工井底压力变化曲线

4.2　压裂裂缝非井壁起裂机理

煤层压裂时，由于井壁周围各种应力的变化，极有可能产生与井壁不相交割理破坏起裂的情况。目前针对煤层定向井、斜井或水平井，现有理论模型均没有考虑煤层压裂可能出现的非井壁起裂特殊工况。本节针对煤层非井壁起裂的情况开展相关起裂机理的研究。

4.2.1 裂缝非井壁起裂可能性分析

为了证明煤层压裂与井壁不相交割理发生起裂问题的存在，采用 RFPA^{2D}软件模拟煤层存在割理裂隙等结构弱面时、水力压裂时裂缝沿非井壁弱面起裂的情况。模拟采用的基本参数设置见表 4-2，模型尺寸 500mm×500mm，x 方向施加最大水平主应力，y 方向施加水平最小主应力，面割理和端割理正交分布。

表 4-2 模型基本参数表

名称	数值	名称	数值
x 方向网格/个	500	y 方向网格/个	500
最大水平主应力/MPa	10	最小水平主应力/MPa	8
煤层弹性模量/MPa	5000	泊松比	0. 27
均质度	2	内摩擦角/(°)	37
密度/(g/cm^3)	2. 7	压拉比	15
压变系数	200	拉变系数	1. 5
单轴坑压强度/MPa	30	井眼渗流参数初始/水头	2500
加载步	80	单步增量/水头	20
液体密度/(kg/cm^3)	1000	面割理长度/mm	40~100
端割理长度/mm	30~40		

模拟可以直观地展现出煤层水力压裂过程存在裂缝的非井壁起裂和扩展情况(见图 4. 11)。随着压裂的进行，井眼内流体压力增加，井眼周围的面割理和端割理附近的应力状态不断改变，图中展示的是剪切应力的分布。起裂首先从剪应力较大的割理端部开始，如图 4. 11b 中从端割理的端部发生起裂，与面割理连通后继续从下一级端割理延伸，最后向最大水平主应力方向延伸开裂。所以从模拟结果可以看出，在一定条件下煤层水力压裂时，裂缝并没有从井壁起裂而是沿井壁附近的割理首先起裂，这与以往假设煤层水力压裂裂缝从井壁起裂的情况完全不同。

上述模拟结果也说明了煤层水力压裂裂缝起裂与井眼附近的应力状况密切相关。下面从煤层气井井眼周围应力分析入手，建立相应起裂压力计算模型。从理论上进一步验证上述问题发生的可能性，并期望通过本节研究改变原有煤层气井压裂起裂机理的常规认识。

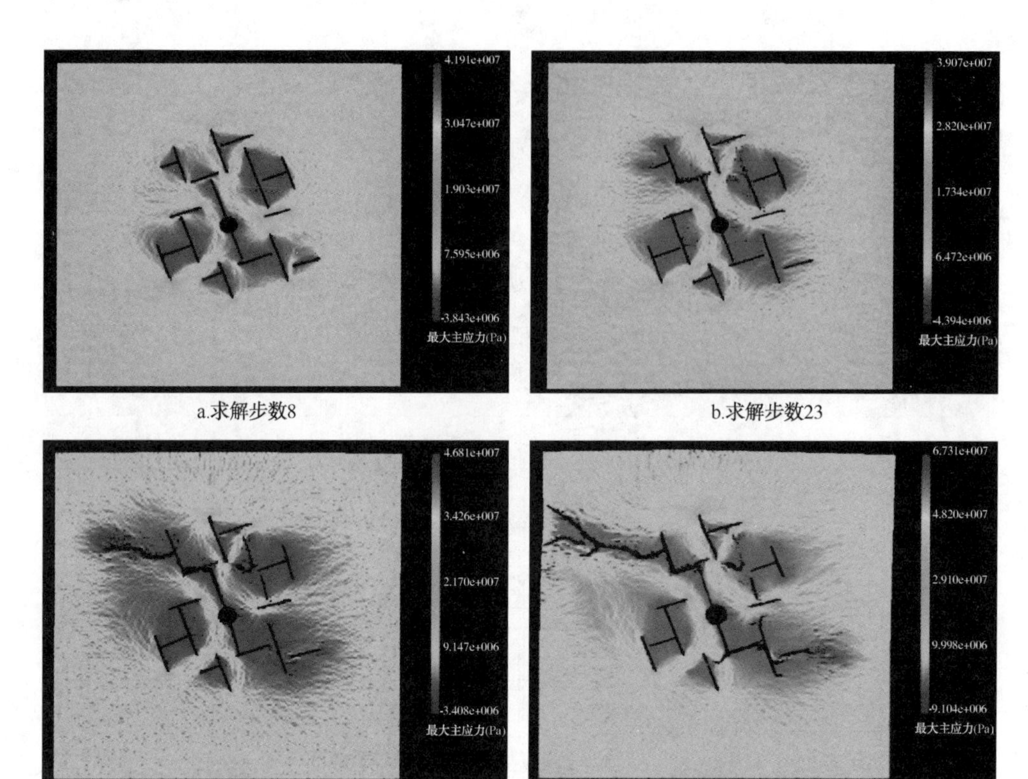

图 4.11　煤层压裂裂缝沿非井壁弱面剪切起裂模拟结果

4.2.2　煤层定向井井周应力分析

煤层定向井的井轴坐标变换见图 4.12。地下煤体承受最大水平主应力 σ_H、水平最小主应力 σ_h和上覆岩层应力 σ_v作用。选取坐标系(1, 2, 3)与主地应力 σ_H、σ_h和 σ_z方向一致，建立直角坐标系(x, y, z)和柱坐标系(r, θ, z)，其中 oz 轴对应于井轴，ox 和 oy 位于与井轴垂直的平面中。

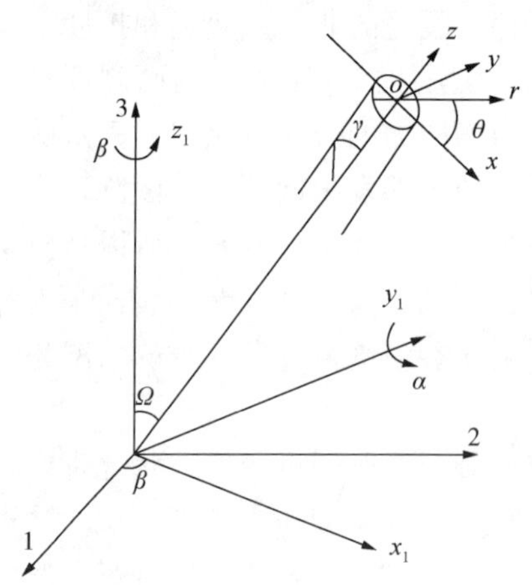

图 4.12　煤层定向井井轴坐标变换

为建立(x, y, z)坐标与(1, 2, 3)坐标间的转换关系，首先将坐标(1, 2, 3)以 3 为轴，按右手定则旋转角 β，变为(x_1, y_1, z_1)坐标；再将坐标(x_1, y_1, z_1)以 y_1为轴，按右手定则旋转角 Ω，变为(x, y, z)坐标。推导煤层定向井井眼周围应力分布时，提出基本假设同本书 4.1.1 节，同时本节推导考虑了温度差异引起的热应力效应。

经坐标变换后，按照弹性力学相应理论，可得到井周应力分布：

$$\begin{cases}\sigma_r = \dfrac{R^2}{r^2}p_i + \dfrac{\sigma_{xx}+\sigma_{yy}}{2}\left(1-\dfrac{R^2}{r^2}\right) + \dfrac{\sigma_{xx}-\sigma_{yy}}{2}\left(1+\dfrac{3R^4}{r^4}-\dfrac{4R^2}{r^2}\right)\cos2\theta \\ \quad + \sigma_{xy}\left(1+\dfrac{3R^4}{r^4}-\dfrac{4R^2}{r^2}\right)\sin2\theta + \left[\dfrac{\alpha(1-2\upsilon)}{2(1-\upsilon)}\left(1-\dfrac{R^2}{r^2}\right)-\phi\right](p_i-p_p) \\ \quad - \dfrac{\alpha_T E(T-T_0)}{1-2\upsilon} \\ \sigma_\theta = -\dfrac{R^2}{r^2}p_i + \dfrac{\sigma_{xx}+\sigma_{yy}}{2}\left(1+\dfrac{R^2}{r^2}\right) - \dfrac{\sigma_{xx}-\sigma_{yy}}{2}\left(1+\dfrac{3R^4}{r^4}\right)\cos2\theta \\ \quad - \sigma_{xy}\left(1+\dfrac{3R^4}{r^4}\right)\sin2\theta + \left[\dfrac{\alpha(1-2\upsilon)}{2(1-\upsilon)}\left(1-\dfrac{R^2}{r^2}\right)-\phi\right](p_i-p_p) \\ \quad - \dfrac{\alpha_T E(T-T_0)}{1-2\upsilon} \\ \sigma_z = \sigma_{zz} + \upsilon\left[\sigma_{xx}+\sigma_{yy}-2(\sigma_{xx}-\sigma_{yy})\left(\dfrac{R^2}{r^2}\right)\cos2\theta + 4\sigma_{xy}\sin2\theta\right] \\ \quad + \left[\dfrac{\alpha(1-2\upsilon)}{2(1-\upsilon)}-\varphi\right](p_i-p_p) - \dfrac{\alpha_T E(T-T_0)}{1-2\upsilon} \\ \sigma_{r\theta} = \sigma_{xy}\left(1-\dfrac{3R^4}{r^4}+\dfrac{2R^2}{r^2}\right)\cos2\theta \\ \sigma_{\theta z} = \sigma_{yz}\left(1+\dfrac{R^2}{r^2}\right)\cos\theta - \sigma_{xz}\left(1+\dfrac{R^2}{r^2}\right)\sin\theta \\ \sigma_{zr} = \sigma_{xz}\left(1-\dfrac{R^2}{r^2}\right)\cos\theta + \sigma_{yz}\left(1-\dfrac{R^2}{r^2}\right)\sin\theta \end{cases} \tag{4-23}$$

式(4-23)中各应力分量表示如下：

$$\begin{cases}\sigma_{xx} = \sigma_{\rm H}\cos^2\Omega\cos^2\beta + \sigma_{\rm h}\cos^2\Omega\sin^2\beta + \sigma_{\rm v}\sin^2\Omega \\ \sigma_{yy} = \sigma_{\rm H}\sin^2\beta + \sigma_{\rm h}\cos^2\beta \\ \sigma_{zz} = \sigma_{\rm H}\sin^2\Omega\cos^2\beta + \sigma_{\rm h}\sin^2\Omega\sin^2\beta + \sigma_{\rm v}\cos^2\Omega \\ \sigma_{xy} = -\sigma_{\rm H}\cos\Omega\cos\beta\sin\beta + \sigma_{\rm h}\cos\Omega\cos\beta\sin\beta \\ \sigma_{xz} = \sigma_{\rm H}\cos\Omega\sin\Omega\cos^2\beta + \sigma_{\rm h}\cos\Omega\sin\Omega\sin^2\beta - \sigma_{\rm v}\sin\Omega\cos\Omega \\ \sigma_{yz} = -\sigma_{\rm H}\sin\Omega\sin\beta\cos\beta + \sigma_{\rm h}\sin\Omega\sin\beta\cos\beta \end{cases} \tag{4-24}$$

由式(4-23)和式(4-24)即可确定煤层定向井井眼周围的应力分布，后续的压裂起裂力学机理也正是基于上述两个经典的弹性力学公式来分析得出。

4.2.3 水力压裂非井壁起裂模型

4.2.3.1 井壁围岩任一点的主应力及方向

为了计算煤层定向井压裂发生破裂时的起裂压力，首先要确定井壁围岩上任一点处的主应力及其方向，主应力即是指经过任意点处某一斜面上切应力为零时的正应力。

(1) 井壁围岩任一点的应力状态分析。

图 4.13 中 P 点为在定向井坐标系下远离井壁的任一点，其中 σ_{xx}、σ_{xy}、σ_{xz}、σ_{yx}、σ_{yy}、σ_{yz}、σ_{zx}、σ_{zy} 和 σ_{zz} 为在定向井坐标系下的应力分量。若要求经过 P 点的任意斜面的应力，需在 P 点附近取一个平行于这一斜平面，并与经过 P 点而平行于坐标面的三个平面形成一个微小的四面体 $PAOB$（见图 4.13），当四面体 $PAOB$ 无限减小而趋于 P 点时，平面 ABO 上的应力称为该斜面上的应力。

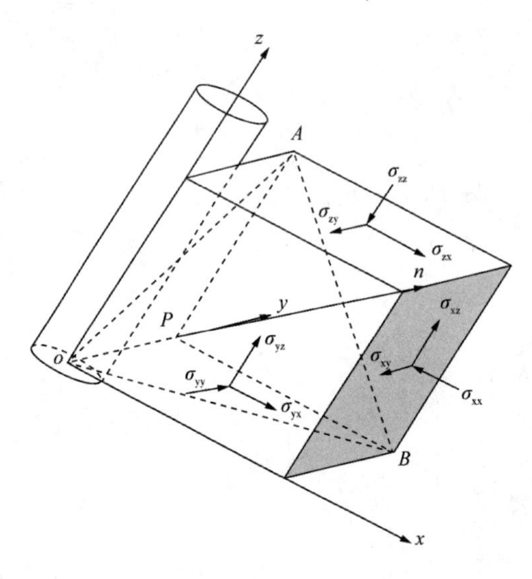

图 4.13 远离井轴任意点 P 受力分析图

令平面 ABO 的外法线为 $\boldsymbol{n}$，其方向余弦为：

$$\begin{cases} l = \cos(n, x) \\ m = \cos(n, y) \\ n = \cos(n, z) \end{cases} \tag{4-25}$$

设斜面 ABO 上的全应力为 P，其在坐标轴上的投影为 p_x、p_y 和 p_z。根据力的平衡条件可导出式(4-26)：

$$\begin{cases} p_x = l\sigma_x + m\sigma_{yx} + n\sigma_{zx} \\ p_y = m\sigma_y + n\sigma_{zy} + l\sigma_{xy} \\ p_z = n\sigma_z + l\sigma_{xz} + m\sigma_{yz} \end{cases} \tag{4-26}$$

设斜面 ABO 上的正应力为 σ_n，剪应力为 τ_n，σ_n 可由(4-27)式表示：

$$\sigma_n = lp_x + mp_y + np_z \tag{4-27}$$

将式(4-26)代入式(4-27)中可求得：

$$\sigma_n = l^2\sigma_x + m^2\sigma_y + n^2\sigma_z + 2mn\sigma_{yz} + 2nl\sigma_{zx} + 2lm\sigma_{xy} \tag{4-28}$$

又由于：

$$p^2 = \sigma_n^2 + \tau_n^2 = p_x^2 + p_y^2 + p_z^2 \tag{4-29}$$

所以有：

$$\tau_n^2 = p_x^2 + p_y^2 + p_z^2 - \sigma_n^2 \tag{4-30}$$

由式(4-28)和式(4-30)可知任一点的 6 个坐标面上的应力分量，求得任意斜面上的正应力和剪应力。

(2) 计算任一点的主应力及方向。

假设在 P 点有一个主应力面存在，由于该面上的切应力为零，则该面上的全应力就等于该面上的正应力即主应力 σ，该面上的正应力在坐标轴上的投影为：

$$p_x = l\sigma \ , p_y = m\sigma \ , p_z = n\sigma \tag{4-31}$$

将式(4-26)代入式(4-31)即可得：

$$\begin{cases} l\sigma_x + m\sigma_{yx} + n\sigma_{zx} = l\sigma \\ m\sigma_y + n\sigma_{zy} + l\sigma_{xy} = m\sigma \\ n\sigma_z + l\sigma_{xz} + m\sigma_{yz} = n\sigma \end{cases} \tag{4-32}$$

此外还有余弦关系式：

$$l^2 + m^2 + n^2 = 1 \tag{4-33}$$

将上述式(4-32)和式(4-33)联立即可求得 P 点处的主应力及与之对应的应力主面和应力方向。为了求解方便，通常可以转换为以下方式求解。将式(4-32)改写为：

$$\begin{cases} (\sigma_x - \sigma)l + \sigma_{yx}m + \sigma_{zx}n = 0 \\ \sigma_{xy}l + (\sigma_y - \sigma)m + \sigma_{zy}n = 0 \\ \sigma_{xz}l + \sigma_{yz}m + (\sigma_z - \sigma)n = 0 \end{cases} \tag{4-34}$$

式(4-34)是关于 l、m 和 n 的 3 个齐次线性方程，由式(4-33)可知 l、m 和 n 不全为零，故这 3 个方程的行列式应该为零，即：

$$\begin{vmatrix} \sigma_x - \sigma & \sigma_{yx} & \sigma_{zx} \\ \sigma_{xy} & \sigma_y - \sigma & \sigma_{zy} \\ \sigma_{xz} & \sigma_{yz} & \sigma_z - \sigma \end{vmatrix} = 0 \tag{4-35}$$

将行列式展开可得关于 σ 的 3 次方程：

$$\sigma^3 - (\sigma_x + \sigma_y + \sigma_z)\sigma^2 + (\sigma_y\sigma_z + \sigma_z\sigma_x + \sigma_x\sigma_y - \sigma_{yz}^2 - \sigma_{zx}^2 - \sigma_{xy}^2)\sigma - (\sigma_x\sigma_y\sigma_z - \sigma_x\sigma_{yz}^2 - \sigma_y\sigma_{zx}^2 - \sigma_z\sigma_{xy}^2 + 2\sigma_{yz}\sigma_{zx}\sigma_{xy}) = 0 \tag{4-36}$$

可通过编程计算求解方程(4-36)，得出 σ 的 3 个实根 σ_1、σ_2和 σ_3，这 3 个实根就是任一点的主应力。

对于主应力的方向可以按下面方法求得，若求主应力 σ_1相应的方向余弦 l_1、m_1和 n_1，利用式(4-34)中的前两个式子组成方程组：

$$\begin{cases} (\sigma_x - \sigma_1)l_1 + \sigma_{yx}m_1 + \sigma_{zx}n_1 = 0 \\ \sigma_{xy}l_1 + (\sigma_y - \sigma_1)m_1 + \sigma_{zy}n_1 = 0 \end{cases} \tag{4-37}$$

将式(4-37)同时除以 l_1 可得：

$$\begin{cases}\sigma_{yx}\dfrac{m_1}{l_1}+\sigma_{zx}\dfrac{n_1}{l_1}+(\sigma_x-\sigma_1)=0\\(\sigma_y-\sigma_1)\dfrac{m_1}{l_1}+\sigma_{zy}\dfrac{n_1}{l_1}+\sigma_{xy}=0\end{cases} \tag{4-38}$$

结合式(4-38)和式(4-33)可求得 l_1 为：

$$l_1=\frac{1}{\sqrt{1+\left(\dfrac{m_1}{l_1}\right)^2+\left(\dfrac{n_1}{l_1}\right)^2}} \tag{4-39}$$

同理可求得 m_1 和 n_1，用同样的方法可求出另两个的主应力及相应的方向。

(3) 柱坐标系到直角坐标系应力分量的坐标转换。

需要注意的是上述所用的应力分量是定向井直角坐标系下的，而式(4-23)和(4-24)对应的是定向井柱坐标系下的应力分量。故在求解主应力及主方向时，需要进行从柱坐标系到直角坐标系下的应力分量的坐标转换。可以按弹性力学理论的坐标转换公式，将式(4-23)和(4-24)进行下列变换：

$$\begin{cases}\sigma_x=\sigma_r\cos^2\theta+\sigma_\theta\sin^2\theta-2\sigma_{r\theta}\sin\theta\cos\theta\\\sigma_y=\sigma_r\sin^2\theta+\sigma_\theta\cos^2\theta+2\sigma_{r\theta}\sin\theta\cos\theta\\\sigma_z=\sigma_z\\\sigma_{zx}=\sigma_{zr}\sin\theta+\sigma_{\theta z}\cos\theta\\\sigma_{zy}=\sigma_{zr}\cos\theta+\sigma_{\theta z}\sin\theta\end{cases} \tag{4-40}$$

4.2.3.2 非井壁起裂模式及起裂影响因素分析

对于非井壁的水力裂缝起裂模型，主要考虑沿面割理或端割理发生剪切破坏起裂和张性破裂两种模式，下面针对不同起裂模式的计算方法详细讨论。

(1) 水力裂缝沿煤割理剪切破裂起裂。

首先需要计算主应力与割理面法向的夹角。假设在距离井壁 $(r,\ \theta)$ 处存在面割理或者端割理，且其走向为北偏东 TR_1，倾角为 DIP_1。则割理面的法线的方向矢量为：

$$\begin{aligned}n&=\sin(DIP_1)\cos(TR_1)\mathrm{e}_1+\sin(DIP_1)\sin(TR_1)\mathrm{e}_2+\cos(DIP_1)\mathrm{e}_3\\&=a_1{}'\mathrm{e}_1+a_2{}'\mathrm{e}_2+a_3{}'\mathrm{e}_3\end{aligned} \tag{4-41}$$

非井壁上最大主应力 σ_1 的方向矢量在定向井直角坐标系下可表示为：

$$N_1=l_1\mathrm{e}_x+m_1\mathrm{e}_y+n_1\mathrm{e}_z \tag{4-42}$$

直角坐标系中非井壁的最大主应力 σ_1 的方向矢量在大地坐标系中可表示为：

$$N_1 = b'_1 e_1 + b_2' e_2 + b'_3 e_3 \tag{4-43}$$

式(4-43)中各参数如下：

$$\begin{pmatrix} b_1' \\ b_2' \\ b_3' \end{pmatrix} = \begin{pmatrix} \cos\Omega\cos\beta/(\cos^2\Omega\cos^2\beta + \cos^2\Omega\sin^2\beta + \sin^2\Omega\sin^2\beta + \sin^2\alpha\cos^2\beta) & -\sin\beta/(\cos^2\beta + \sin^2\beta) & \sin\Omega\cos\beta/(\cos^2\Omega\cos^2\beta + \cos^2\Omega\sin^2\beta + \sin^2\Omega\sin^2\beta + \sin^2\Omega\cos^2\beta) \\ \cos\Omega\sin\beta/(\cos^2\Omega\cos^2\beta + \cos^2\Omega\sin^2\beta + \sin^2\Omega\sin^2\beta + \sin^2\Omega\cos^2\beta) & \cos\beta/(\cos^2\beta + \sin^2\beta) & \sin\Omega\sin\beta/(\cos^2\Omega\cos^2\beta + \cos^2\Omega\sin^2\beta + \sin^2\Omega\sin^2\beta + \sin^2\Omega\cos^2\beta) \\ -\sin\Omega/(\cos^2\Omega + \sin^2\Omega) & 0 & \cos\Omega/(\cos^2\Omega + \sin^2\Omega) \end{pmatrix} \cdot \begin{pmatrix} l_1 \\ m_1 \\ n_1 \end{pmatrix}$$

任一点最大主应力 σ_1 与面割理法向夹角为：

$$\cos\beta'_2 = \frac{n' \cdot N_1}{|n'||N_1|} = \frac{a_i' b_i'}{(a_i' a_i')^{1/2}(b_i' b_i')^{1/2}} \tag{4-44}$$

主应力 σ_2 的方向矢量在定向井直角坐标系下可表示为：

$$N_2 = l_2 e_x + m_2 e_y + n_2 e_z \tag{4-45}$$

直角坐标系中主应力 σ_2 的方向矢量在大地坐标系中可表示为：

$$N_2 = c'_1 e_1 + c_2' e_2 + c'_3 e_3 \tag{4-46}$$

式(4-46)中各参数如下：

$$\begin{pmatrix} c_1' \\ c_2' \\ c_3' \end{pmatrix} = \begin{pmatrix} \cos\Omega\cos\beta/(\cos^2\Omega\cos^2\beta + \cos^2\Omega\sin^2\beta + \sin^2\Omega\sin^2\beta + \sin^2\Omega\cos^2\beta) & -\sin\beta/(\cos^2\beta + \sin^2\beta) & \sin\Omega\cos\beta/(\cos^2\Omega\cos^2\beta + \cos^2\Omega\sin^2\beta + \sin^2\Omega\sin^2\beta + \sin^2\Omega\cos^2\beta) \\ \cos\Omega\sin\beta/(\cos^2\Omega\cos^2\beta + \cos^2\Omega\sin^2\beta + \sin^2\Omega\sin^2\beta + \sin^2\Omega\cos^2\beta) & \cos\beta/(\cos^2\beta + \sin^2\beta) & \sin\Omega\sin\beta/(\cos^2\Omega\cos^2\beta + \cos^2\Omega\sin^2\beta + \sin^2\Omega\sin^2\beta + \sin^2\Omega\cos^2\beta) \\ -\sin\Omega/(\cos^2\Omega + \sin^2\Omega) & 0 & \cos\Omega/(\cos^2\Omega + \sin^2\Omega) \end{pmatrix} \cdot \begin{pmatrix} l_2 \\ m_2 \\ n_2 \end{pmatrix}$$

主应力 σ_2 与割理面法向的夹角为：

$$\cos\beta'_3 = \frac{n' \cdot N_2}{|n'||N_2|} = \frac{a_i'c_i'}{(a_i'a_i')^{1/2}(c_i'c_i')^{1/2}} \tag{4-47}$$

主应力 σ_3 的方向矢量在定向井直角坐标系中可表示为：

$$N_3 = l_3 \mathrm{e}_x + m_3 \mathrm{e}_y + n_3 \mathrm{e}_z \tag{4-48}$$

直角坐标系中主应力 σ_3 方向矢量在大地坐标系下可表示为：

$$N_3 = d'_1 \mathrm{e}_1 + d'_2 \mathrm{e}_2 + d_3' \mathrm{e}_3 \tag{4-49}$$

式(4-49)中各参数如下：

$$\begin{pmatrix} d_1' \\ d_2' \\ d_3' \end{pmatrix} = \begin{pmatrix} \cos\Omega\cos\beta/(\cos^2\Omega\cos^2\beta + \cos^2\Omega\sin^2\beta + \sin^2\Omega\sin^2\beta + \sin^2\Omega\cos^2\beta) & -\sin\beta/(\cos^2\beta + \sin^2\beta) & \sin\Omega\cos\beta/(\cos^2\Omega\cos^2\beta + \cos^2\Omega\sin^2\beta + \sin^2\Omega\sin^2\beta + \sin^2\Omega\cos^2\beta) \\ \cos\Omega\sin\beta/(\cos^2\Omega\cos^2\beta + \cos^2\Omega\sin^2\beta + \sin^2\Omega\sin^2\beta + \sin^2\Omega\cos^2\beta) & \cos\beta/(\cos^2\beta + \sin^2\beta) & \sin\Omega\sin\beta/(\cos^2\Omega\cos^2\beta + \cos^2\Omega\sin^2\beta + \sin^2\Omega\sin^2\beta + \sin^2\Omega\cos^2\beta) \\ -\sin\Omega/(\cos^2\Omega + \sin^2\Omega) & 0 & \cos\Omega/(\cos^2\Omega + \sin^2\Omega) \end{pmatrix} \cdot \begin{pmatrix} l_3 \\ m_3 \\ n_3 \end{pmatrix}$$

对于主应力 σ_3 与割理面法向的夹角为：

$$\cos\beta_4' = \frac{n' \cdot N_3}{|n'||N_3|} = \frac{a_i'd_i'}{(a_i'a_i')^{1/2}(d_i'd_i')^{1/2}} \tag{4-50}$$

计算出各主应力与割理面法向的夹角后，根据弱面剪切破坏准则，面割理或端割理所受到的主应力是与井筒内液体压力有关的。求解当发生剪切破坏时，面割理或端割理的起裂压力可以编制计算程序。在保证其他条件不变的情况下，改变井筒内液体压力直至使弱面准则成立，此值即为相应的剪切破裂起裂压力。

将式(4-36)所求出的3个主应力及式(4-44)所求出的结果代入弱面准则：

$$\sigma_1 - \sigma_3 = \frac{2(S_\mathrm{w} + \mu_\mathrm{w}\sigma_3)}{(1 - \mu_\mathrm{w}\cot\beta_2')\sin(2\beta_2')} \tag{4-51}$$

式中，σ_1、σ_3 分别为最大、最小主应力，MPa；S_w 为弱面黏聚力，MPa；μ_w 为弱面的内摩擦系数，无量纲。

此外，还应当注意 $\beta_2' = \varphi_\mathrm{w}$（$\varphi_\mathrm{w}$ 为弱面内摩擦角）或 $\beta_2' = \frac{\pi}{2}$ 时，弱面不会滑动，弱面产生滑动的条件是：

$$\varphi_{w} < \beta_2' < \frac{\pi}{2} \tag{4-52}$$

当不在式(4-52)取值范围，则说明剪切破裂模型将失效，无法求得相应起裂压力。

(2) 水力裂缝沿煤割理张性破裂起裂。

假设距离井壁(r, θ)处存在面割理，则面割理上所受的正应力为：

$$\sigma_n' = \sigma_1 l_1^2 + \sigma_2 l_2^2 + \sigma_3 l_3^2 \tag{4-53}$$

式中，l_1、l_2和l_3分别为面割理的法向与井壁3个主应力矢量的方向余弦。

$$\begin{cases} l_1 = \cos(\beta_2') \\ l_2 = \cos(\beta_3') \\ l_3 = \cos(\beta_4') \end{cases} \tag{4-54}$$

水力裂缝沿煤层面割理张性破坏起裂的准则为：

$$p_f^t = p_i \geqslant \sigma_n' - \alpha p(r, t) \tag{4-55}$$

对于上述方程式(4-55)，需将式(4-53)和式(4-54)代入，通过编程求解满足上述方程的井眼内液体压力即为张性破坏的起裂压力。通过本节建立的煤层水力压裂非井壁起裂计算模型即可判断出不同条件下非井壁裂缝起裂的模式，也可用于分析不同因素对裂缝起裂的影响。

(3) 非井壁起裂模型实例应用及起裂影响因素分析。

本节建立的煤层水力压裂非井壁起裂力学模型，可以实现对压裂过程起裂压力的计算和预测，并分析煤层压裂裂缝在不同条件下的起裂压力变化。某研究区块压裂井 JTX-1 基础参数见表4-3，本节计算均以面割理为例，分析面割理产生剪切破坏和张性破坏起裂时，不同因素对起裂压力的影响。

表4-3　压裂井 JTX-1 基础参数表

名称	数值	名称	数值
井眼半径/m	0.1	井斜角/(°)	43
井斜方位角/(°)	NE35	井周方位角/(°)	10
压裂作业深度/m	970	最大水平主应力/MPa	20
水平最小主应力/MPa	17	上覆岩层应力/MPa	18
地层孔隙压力/MPa	6.5	煤孔隙度	0.02
有效应力系数	0.9	煤泊松比	0.31
弹性模量/MPa	4000	割理内煤岩黏聚力/MPa	0.57
内摩擦系数	0.5	线性热膨胀系数	0.0000025
温度差/℃	5	面隔离走向范围	NE10°~32°

1）不同因素对剪切破坏非井壁起裂的影响。

① 割理距井轴距离对剪切破坏起裂的影响。

假定面割理走向 NE10°，倾角为 80°，保持其他数据不变，通过计算绘制如图 4.14 所示曲线。在该条件下，随着割理距离井眼中心距离增加，水力压裂过程沿割理发生剪切破坏的起裂压力先减小而后迅速增大。在井壁附近剪切破坏起裂压力变化较为明显，远离井壁后起裂压力迅速减小，证明了此条件下很容易发生非井壁起裂现象。井壁附近起裂压力变化较明显主要是由于压裂过程井眼周围形成的应力集中现象，而剪切破坏是否发生主要取决于第一和第三主应力的差值，远离井壁以后井壁径向和周向应力差值逐渐增大，因而导致相应的起裂压力增加。

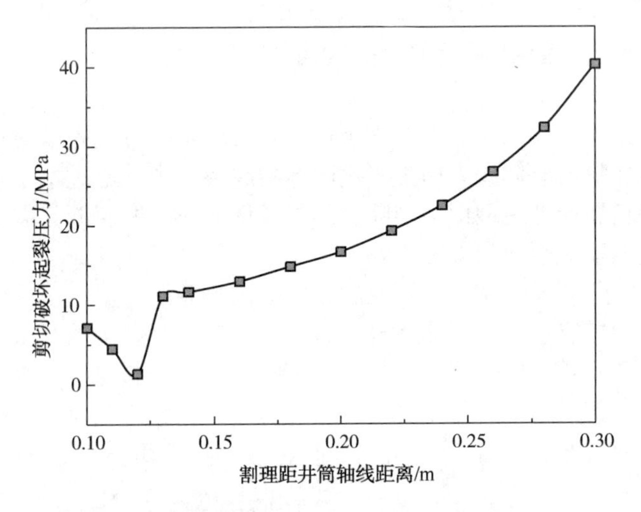

图 4.14　起裂压力与割理距井筒轴线距离的关系

② 割理走向对剪切破坏起裂的影响。

面割理倾角为 80°时，分别计算了面割理与井壁相交以及距离井眼轴线为 0.11m 时两种情况下，割理走向对剪切破坏起裂的影响，（见图 4.15）。当割理与井壁相交时，随着割理走向的改变，发生剪切破坏的起裂压力变化很小。主要由于此时起裂发生于井壁，而井壁交点位置确定，其相应的应力状况基本确定，起裂压力不会发生明显变化。当割理不与井壁相交时，随着割理走向与最大水平主应力方向夹角的增加，发生剪切破坏的起裂压力减小。这主要是由于施加于割理面上第一和第三主应力差值增大。从图 4.15 计算结果也很容易看出，同样条件下割理与井壁相交时发生剪切破坏的起裂压力明显高于割理距离井眼中心 0.11m 处的起裂压力。这也说明了煤层水力压裂时很可能沿割理发生非井壁起裂的破坏形式。

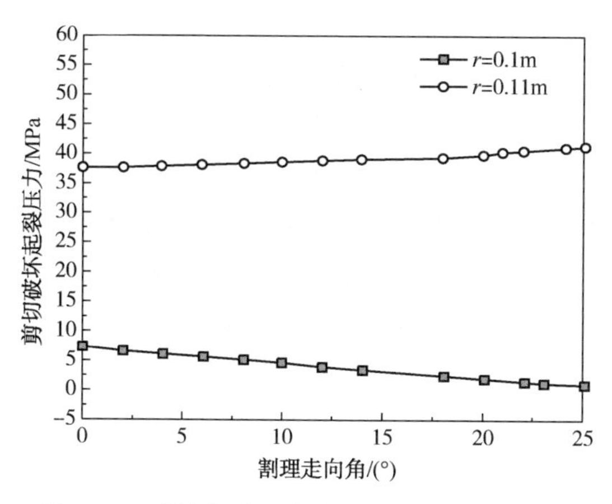

图 4. 15　裂缝起裂压力随割理走向的变化关系

③ 割理倾角对剪切破坏起裂的影响。

面割理走向为 NE10°，保持其他参数不变，改变割理的倾角，分析剪切破坏的起裂压力变化，结果见图 4. 16。当割理与井壁相交时，随着割理倾角的增加，发生剪切破坏的起裂压力基本保持不变。割理倾角为 72°时，起裂压力最大为 39. 048MPa，而当割理倾角为 86°时，起裂压力最小为 38. 264MPa。割理不与井壁相交时，随着割理倾角的增加，发生剪切破坏的起裂压力先减小后增加。由于在同一位置的最大和最小主应力的差值随着割理倾角的增加而增大，当割理倾角为 72°时，起裂压力最大为 15. 033MPa，而当割理倾角为 74°时，起裂压力最小为 1. 64MPa。此外，剪切破坏仅发生在割理倾角为 72°～86°的范围内，超出该范围不再满足发生剪切破坏起裂的力学条件。

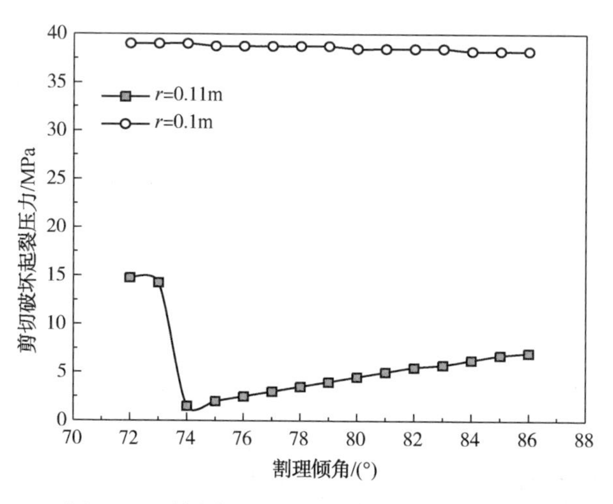

图 4. 16　裂缝起裂压力随割理倾角的变化关系

④ 井斜角对剪切破坏起裂的影响。

面割理距离井眼轴线 0.11m，走向为 NE10°，倾角为 80°，保持其他参数不变，分析起裂压力随井斜角的变化(见图 4.17)。当割理与井壁相交时，随井斜角的增加，发生剪切破坏的起裂压力在很小的范围内变化。井斜角为 46°，起裂压力最大为 38.89MPa，当井斜角为 36°时，起裂压力最小为 37.866MPa。该条件下，井壁交点处第一、第三主应力分别为井壁径向和周向应力，二者几乎不受井斜角变化的影响，所以主应力差值几乎不变，而相应的起裂压力几乎保持不变。当割理不与井壁相交时，随着井斜角的增加，割理剪切破坏所需要的起裂压力逐渐减小。井斜角为 36°，起裂压力最大为 7.593MPa，井斜角为 46°时，起裂压力最小为 3.499MPa。这主要是因为非井壁处，第一、第三主应力不再是井眼径向和周向应力，而井斜角变化会引起井壁附近第一和第三主应力变化，从而导致主应力差值改变，而使剪切起裂压力变化。计算结果还表明，当井斜角不在 36°~46°范围时，不会沿割理发生剪切破坏，说明割理剪切破坏起裂只会在一定井斜角范围内发生。

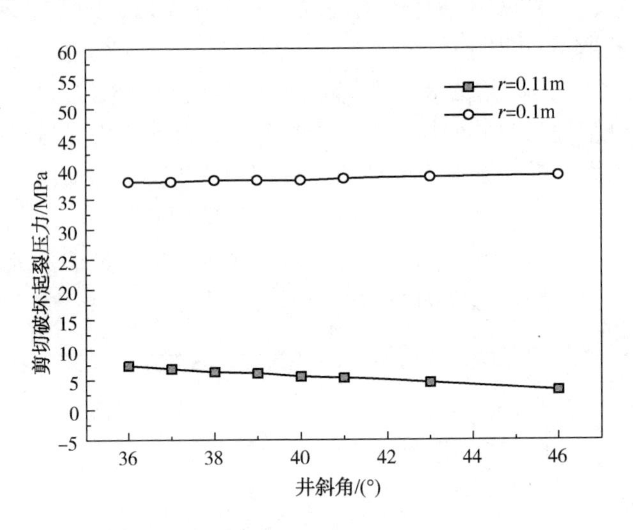

图 4.17　裂缝起裂压力随井斜角的变化关系

2) 不同因素对非井壁张性破坏起裂的影响。

① 割理距井轴距离对张性破坏起裂的影响。

面割理走向为 NE10°，倾角为 80°，保持其他参数不变，分析距离井眼中心不同位置处割理张性破坏起裂压力的变化(见图 4.18)。割理与井眼轴线距离增大时，发生张性破坏所需的起裂压力逐渐增加，在井壁附近起裂压力增加较快，当距井眼轴线超过 0.2m 时，起裂压力逐渐趋于稳定。在井壁处张性破坏起裂压力最小为 11.128MPa，最可能发生起裂，也说明井壁上更容易发生张性破坏起裂。

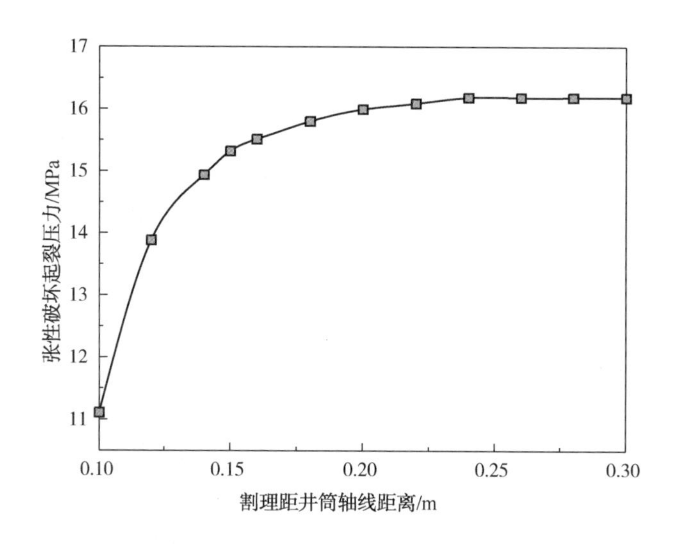

图 4.18 起裂压力随割理距井筒轴线距离的变化曲线

② 割理走向对张性破坏起裂的影响。

面割理倾角为 80°，距井眼中心轴线为 0.11m，其他参数不变，改变割理走向，分析张性破坏的起裂压力变化(见图 4.19)。当割理与井壁相交时，随着割理走向与最大水平主应力夹角增加，发生张性破坏的起裂压力先小幅减小后逐渐增大。但割理走向与最大水平主应力夹角小于 25°时，张性破坏起裂压力变化范围大不。当割理远离井壁时，随着割理走向与最大水平主应力夹角增加，发生张性破坏的起裂压力逐渐增大。通过曲线也能够看出，该条件下在非井壁处张性起裂压力明显高于井壁处，也说明压裂更易于沿井壁发生张性起裂。

③ 割理倾角对张性破坏起裂的影响。

面割理走向为 NE10°，距井眼中心轴线为 0.11m，其他参数不变，改变割理倾角，分析张性破坏起裂压力的变化(见图 4.20)。当割理与井壁相交时，随割理倾角的增大，发生张性破坏所需的起裂压力逐渐减小。当割理倾角为 80°时，起裂压力最小为 11.128MPa。由于该条件下，割理倾角变化引起割理壁面正应力变化，而随割理倾角增加正应力减小，故相应的张性起裂压力逐渐减小。当割理不与井壁相交时，随割理倾角的增大，起裂压力同样呈现出逐渐减小的趋势。割理倾角为 50°时，起裂压力最大为 20.541MPa，而割理倾角为 80°时，起裂压力最小为 12.908MPa。此处没有提供割理倾角超过 80°后的起裂

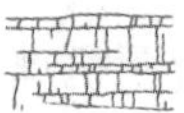

压力的变化，事实上，当割理倾角超过 80°后，起裂压力的变化趋势仍将与图 4. 20 所示结果保持一致。

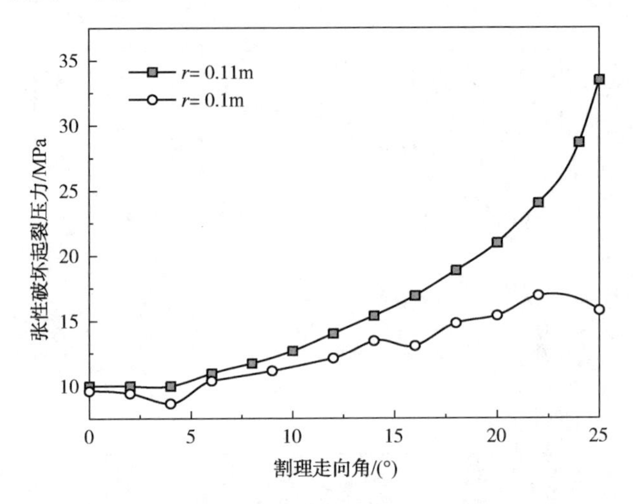

图 4. 19　裂缝起裂压力随割理走向的变化关系

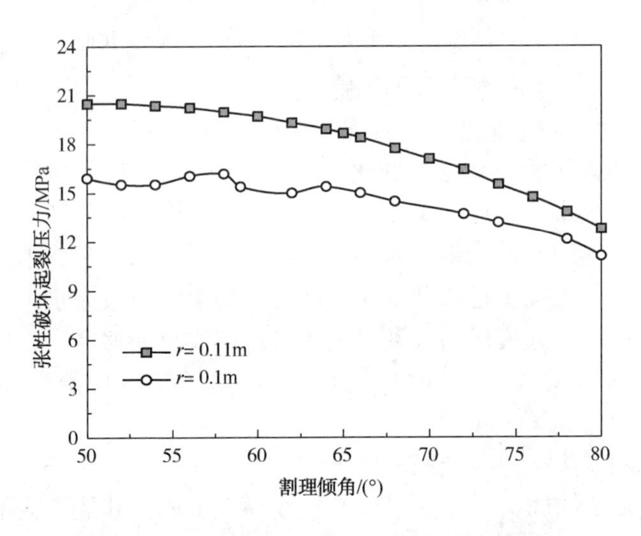

图 4. 20　裂缝起裂压力随割理倾角的变化关系

④ 井斜角对张性破坏起裂的影响。

面割理走向为 NE10°，倾角为 80°，计算不同井斜角下起裂压力的变化(见图 4. 21)。当割理与井壁相交时，随着井斜角的增加，发生张性破坏所需要的起裂压力先增大后减小。当井斜角为 64°时，起裂压力最大为 15. 399MPa，当井斜角为 30°时，起裂压力最小为 7. 616MPa。当割理不与井壁相交时，随着井斜角的增加，起裂压力同样呈现先增加后减小的变化趋势。当井斜角为 64°时，起裂压力最大为 18. 542MPa。由于在井壁周围的点，随着井斜角的增加，作用于割理面的正应力受 3 个方向地应力共同控制，由于不同方向地应力数值上的差异，出现了在一定范围内正应力增大而一定范围内正应力减小的现象。

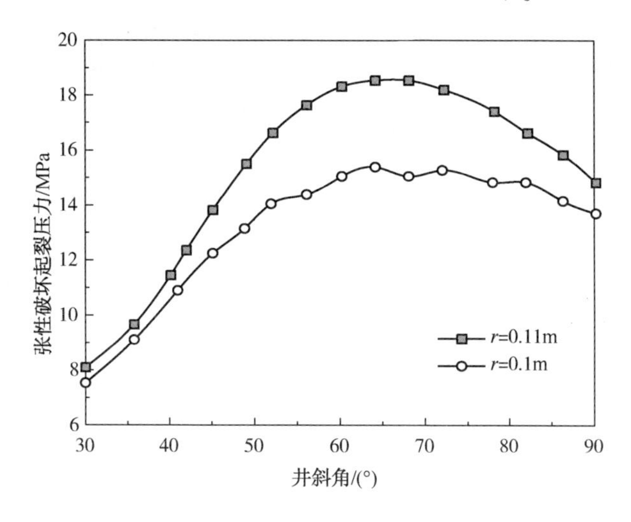

图 4. 21　裂缝起裂压力随井斜角的变化关系

上述实例计算分析讨论了不同因素对起裂压力的影响。事实上，由于本节研究建立在一定假设的基础上，故本模型的应用受到一定的限制。在平面应变假设条件下，计算结果受割理走向、倾角和地应力的不确定性影响，则准确的地质评价和地应力测试结果是该模型准确应用的前提。此外，还应考虑交汇连通的割理体系对地应力分布等的影响，这些问题也都是今后该研究方向需要继续深入探讨的。

5 煤层气井水力压裂裂缝扩展机理

现场煤层气井水力压裂施工实践和裂缝监测结果表明，通过水力压裂能够在煤层内部产生多种形态的裂缝，甚至形成裂缝网络。压裂裂缝在煤层中延伸时受地层应力分布状况、煤层中的割理系统发育状况、天然裂缝产状以及地层孔隙压力等多种因素影响，可能产生单一裂缝、转向裂缝和“T”形裂缝等多种裂缝形态。本章主要讨论和研究煤层气井水力压裂形成各种形态裂缝的力学机理。

5.1 煤层水力压裂缝网扩展力学条件

缝网压裂技术是近些年广泛应用的水力压裂技术，利用地层水平最大、最小主应力差值与裂缝延伸净压力的关系，使储层的天然裂缝或胶结弱面开启，或使岩石本体产生新的裂缝分支，最终形成以主裂缝为主干的纵横交错的网状系统。研究人员针对缝网压裂相关的实验和数值模拟技术开展了大量的研究，在天然裂缝发育储层中天然闭合裂缝的激活机理、网状裂缝形成的力学条件等关键问题上进行了深入的探讨。但对于面割理和端割理交割发育的煤层水力压裂形成网状裂缝的力学问题研究仍相对有限，本节应用弹性力学理论，分析煤层压裂面割理和端割理同时开启形成网状裂缝的力学条件。

5.1.1 煤层水力压裂裂缝延伸简化模型

由于煤层内大量割理、裂隙的存在(见图 5.1)，使得煤层压裂时水力裂缝易与割理沟通并使割理开启延伸形成网状裂缝。

为分析煤层水力压裂裂缝延伸沟通割理弱面形成网状裂缝的作用机理，建立煤层水力压裂裂缝延伸简化物理模型(见图 5.2)。在地应力作用下承受最大水平主应力 σ_H 和水平最小主应力 σ_h 作用，其中面割理与端割理相交组合，面割理与水平最小主应力 σ_h 方向的夹角为 θ。由于煤层面割理与端割理间近似垂直发育，故认为面割理与端割理垂直分布。模型假设如下：

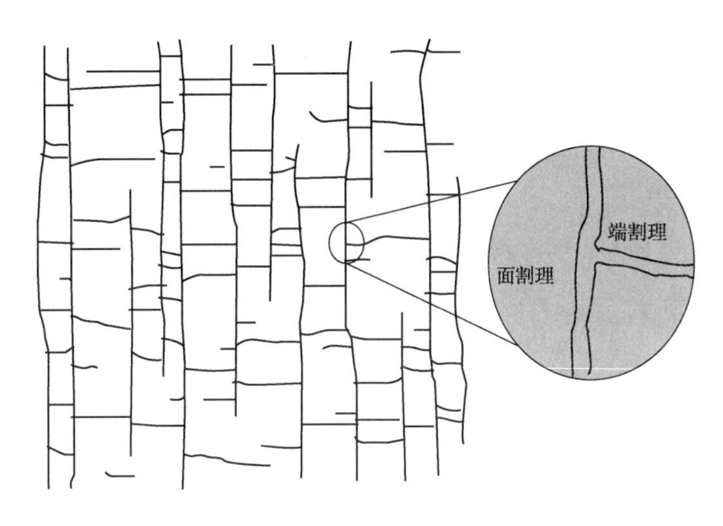

图 5.1 煤层割理系统平面分布示意图

(1) 煤层及煤基质为各向同性线弹性体，面割理与端割理间影响可以忽略。

(2) 面割理和端割理在裂缝内流体压力作用下开启和延伸时裂缝内净压力保持不变。

(3) 不考虑煤本体产生新分支裂缝而形成网状裂缝的情况。

5.1.2 煤层压裂缝网形成条件力学模型

煤层水力压裂形成网状裂缝的关键是水力裂缝延伸过程中与端割理或面割理相交，裂缝内流体压力作用于面割理或端割理壁面，使其发生张性断裂或剪切破坏而开启并继续延伸。

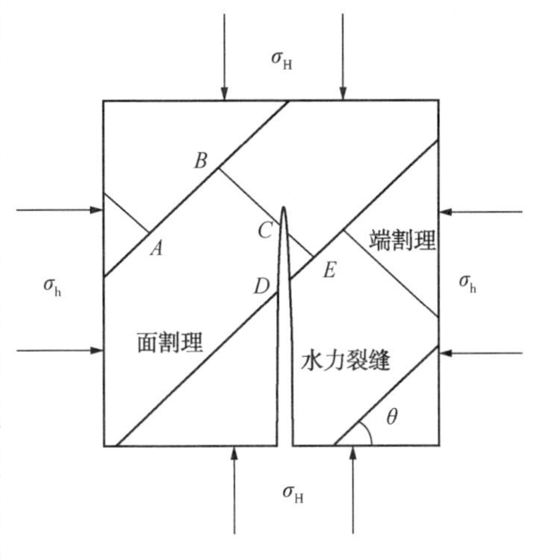

图 5.2 煤层水力压裂裂缝延伸简化模型示意图

对于上一节建立的煤层水力裂缝延伸模型(见图 5.2)，压裂形成网状裂缝的过程和条件可以描述如下：沿最大水平主应力 σ_H 方向延伸的水力压裂裂缝，与面割理 *DE* 交汇于点 *D*，在裂缝内流体压力作用下使 *DE* 开启并延伸，延伸至与端割理 *BE* 交汇点 *E* 时，如缝内流体压力能够使端割理 *BE* 开启并继续延伸，将实现面割理与端割理同时开启形成网状裂缝的情况。若沿最大水平主应力 σ_H 方向延伸的水力裂缝与面割理 *DE* 相交后，*DE* 并没有开启，而水力裂缝继续延伸与端割理 *BE* 相交于点 *C*，在裂缝内流体压力作用下使 *CB* 开启并延伸，并且与面割理 *AB* 交汇后使 *AB* 开启和延伸，也能够实现压裂形成网状裂缝的目的。所以，保证煤层水力压裂形成网状裂缝的条件是裂缝内流体压力能够使煤层面割理和端割理均开启。

水力裂缝与面割理 *DE* 相交沟通时，在裂缝交点 *D* 处水力裂缝壁面压力与面割理壁面的压力相等，可以表示为：

$$p_{\mathrm{f}} = p_{\mathrm{net}} + \sigma_{\mathrm{h}} \tag{5-1}$$

式中，p_{f}为裂缝壁面处的压力，MPa；p_{net}为裂缝内流体净压力，MPa；σ_{h}为水平最小主应力，MPa。

根据弹性力学的裂隙面受力分析(见图 5.3)，作用于倾角为 θ 裂隙面上的法向应力和切向应力可表示为：

$$\begin{cases}\sigma_{\mathrm{n}} = \sigma_{\mathrm{H}}\cos^2\theta + \sigma_{\mathrm{h}}\sin^2\theta \\ \tau_{\mathrm{s}} = (\sigma_{\mathrm{H}} - \sigma_{\mathrm{h}})\sin\theta\cos\theta\end{cases} \tag{5-2}$$

式中，σ_{n}为作用于裂缝壁面的法向应力，MPa；τ_{s}为作用于裂缝壁面的剪应力，MPa。

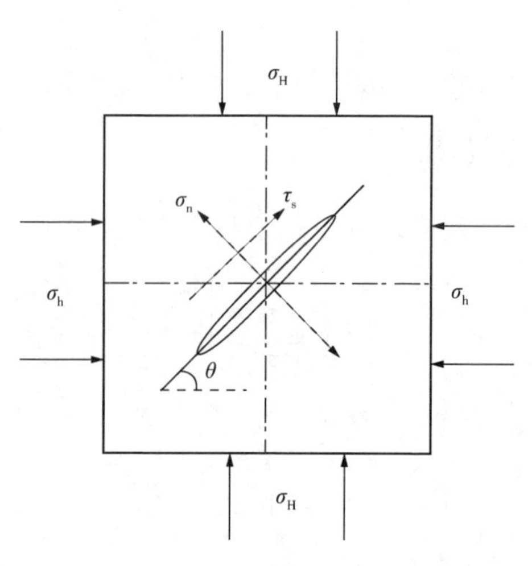

图 5.3　二维裂隙面受力示意图

面割理在流体压力作用下可能发生的破坏形式为张性断裂或剪切破坏，而产生的破坏形式完全取决作用于面割理壁面处的正应力和剪应力大小，当发生张性断裂时有：

$$p_{\mathrm{f}} \geqslant \sigma_{n} \tag{5-3}$$

如在面割理处发生剪切破坏，则产生剪切滑移的力学条件为：

$$\tau_{\mathrm{s}} \geqslant \tau_0 + \mu_{\mathrm{f}}(\sigma_{\mathrm{n}} - p_f) \tag{5-4}$$

式中，τ_0为面割理内煤岩的黏聚力，MPa；μ_{f}为面割理壁面的内摩擦系数，无量纲。

根据式(5-1)~式(5-4)推导得到面割理发生张性断裂和剪切破坏时缝内临界净压力应分别满足力学条件：

$$p_{\mathrm{netmz}} = (\sigma_{\mathrm{H}} - \sigma_{\mathrm{h}})\cos^2\theta \tag{5-5}$$

$$p_{\mathrm{netm}\tau} = (\sigma_{\mathrm{H}} - \sigma_{\mathrm{h}})\left(\cos^2\theta - \frac{1}{\mu_{\mathrm{f}}}\sin\theta\cos\theta\right) + \frac{\tau_0}{\mu_{\mathrm{f}}} \tag{5-6}$$

式中，p_{netmz}为面割理发生张性断裂时裂缝内最小净压力，MPa；$p_{\mathrm{netm}\tau}$ 为面割

理发生剪切破坏时裂缝内最小净压力，MPa。

所以，确保水力压裂煤层面割理能够开启的裂缝内最小净压力为：

$$p_{netm} = \min\{p_{netmz}, p_{netm\tau}\} \tag{5-7}$$

式中，p_{netm}为面割理开启时裂缝内最小净压力，MPa。

对于煤层内端割理，水力压裂时其开启判定的力学条件推导方法与面割理相同，可得出端割理发生张性断裂和剪切破坏的力学条件为：

$$p_{netdz} = (\sigma_H - \sigma_h)\sin^2\theta \tag{5-8}$$

$$p_{netd\tau} = (\sigma_H - \sigma_h)\left(\sin^2\theta - \frac{1}{\mu_f}\sin\theta\cos\theta\right) + \frac{\tau_0}{\mu_f} \tag{5-9}$$

式中，p_{netdz}为端割理发生张性断裂时裂缝内最小净压力，MPa；$p_{netd\tau}$为端割理发生剪切破坏时裂缝内最小净压力，MPa。

保证煤层水力压裂时端割理能够开启的裂缝内最小净压力应为：

$$p_{netd} = \min\{p_{netdz}, p_{netd\tau}\} \tag{5-10}$$

式中，p_{netd}为端割理开启时裂缝内最小净压力，MPa。

根据前述煤层水力压裂形成网状裂缝的力学条件，要形成网状裂缝应使面割理和端割理均开启，即裂缝内净压力应满足力学条件：

$$p_{net} = \max\{p_{netm}, p_{netd}\} \tag{5-11}$$

式(5-11)为煤层水力压裂网状裂缝形成力学条件，该式也说明在煤层水力压裂施工时，可通过控制缝内净压力大小来实现缝网压裂。

5.1.3 煤层缝网压裂力学条件实例计算与分析

取煤层最大水平主应力σ_H为12.59MPa，水平最小主应力σ_h为10.64MPa，面割理与水平最小主应力σ_h夹角θ为82.7°，面割理内煤黏聚力0.89MPa，端割理内煤黏聚力为1.07MPa，面割理和端割理的裂缝壁面内摩擦系数均为0.45。应用本节模型计算得出：水力压裂煤层面割理能开启的裂缝内最小净压力为0.03MPa，端割理开启的最小净压力为1.92MPa，所以形成网状裂缝所需的最小净压力为1.92MPa。实际压裂施工时，应考虑存在摩阻等因素的影响，压裂过程控制裂缝净压力大于1.92MPa。

（1）面割理与水平最小主应力σ_h方向夹角对网状裂缝形成条件影响。

面割理延伸方向与水平最小主应力σ_h方向存在一定角度，该夹角直接影响到作用于面割理和端割理壁面的正应力和剪应力大小。为了分析面割理与水平最小主应力σ_h夹角θ对网状裂缝形成条件的影响，取θ在0~90°范围变化(由于θ在0~360°为周期变化，且0~90°为一个变化周期)，计算形成网状裂缝的最小净压力。

由图 5. 4 ~ 图 5. 6 计算结果可以看出，随着面割理与水平最小主应力 σ_h 方向夹角 θ 增加，煤层水力压裂确保面割理开启的裂缝内最小净压力不断减小，端割理开启的裂缝内最小净压力不断增加，形成网状裂缝所需的净压力先减小后增加。说明了随着面割理与最小水平主应力 σ_h 方向夹角的增加，煤层面割理越来越容易开启，而端割理恰好相反，越来越难开启，也说明沿最大水平主应力 σ_H 方向发育的割理、裂隙在水压作用下最容易开启延伸。此外，在 θ 等于 0°和 90°时，形成网状裂缝所需的缝内临界净压力值最大为 1. 95MPa，等于最大水平主应力 σ_H 和水平最小主应力 σ_h 的差值，这也与大多学者提出的已有研究结论吻合。

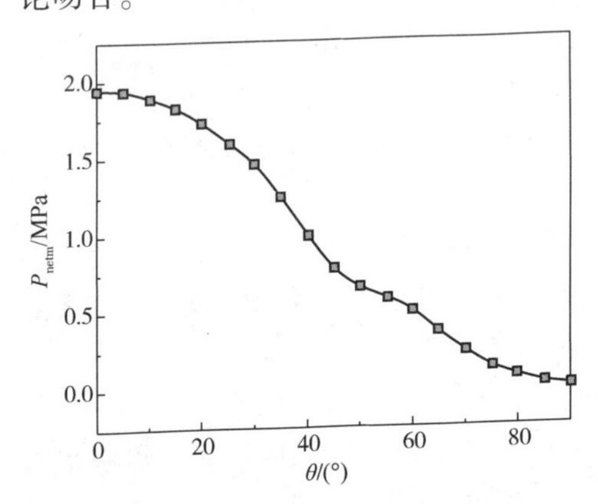

图 5. 4　煤层面割理开启的裂缝最小净压力随夹角 θ 变化曲线

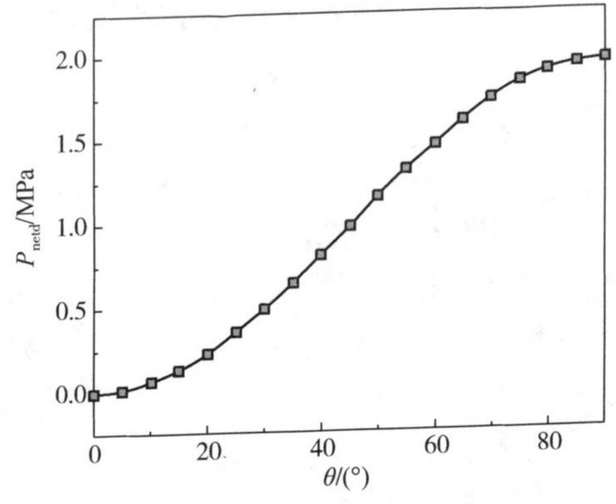

图 5. 5　煤层端割理开启的裂缝最小净压力随夹角 θ 变化曲线

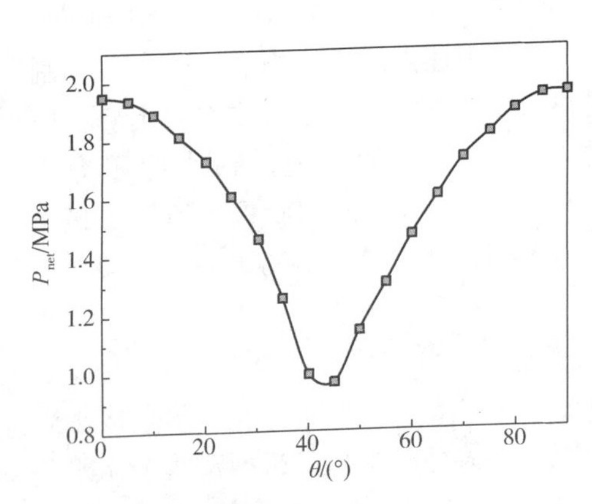

图 5. 6　煤层压裂形成网状裂缝最小净压力随夹角 θ 变化曲线

(2) 割理壁面内摩擦系数对网状裂缝形成条件影响。

面割理和端割理的裂缝壁面内摩擦系数大小影响割理所能承受的极限剪应力，进而可能影响到网状裂缝开启的净压力。为分析其影响规律，取壁面内摩擦系数为 0. 05 ~ 0. 45，间隔 0. 05 变化，研究其对网状裂缝形成条件的影响。

由图 5. 7 和图 5. 8 计算结果能够得出，面割理与水平最小主应力 σ_h 方向夹角 θ 一定时，随割理壁面的内摩擦系数增加，形成网状裂缝所需的裂缝最小净压力数值保持不变。而在 θ 等于 40°附近(面割理和端割理开启所需净压力数值相等时对应的夹角 θ)，随壁面内摩擦系数增加，形成网状裂缝所需的最小净压力增大，但增加幅度很小，变化并不明显。说明煤层面割理与水平最小主应力 σ_h 方向夹角确定后，割理壁面内摩擦系数变化对压裂形成网状裂缝所需的缝内临界净压力影响很小。

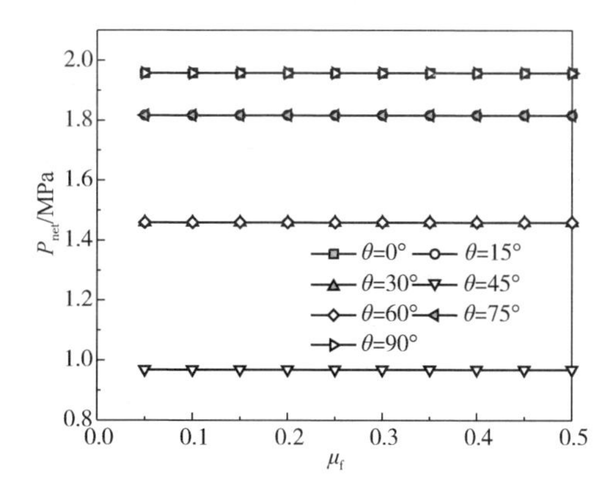

图 5.7 不同夹角 θ 时形成网状裂缝最小净压力随壁面内摩擦系数变化曲线

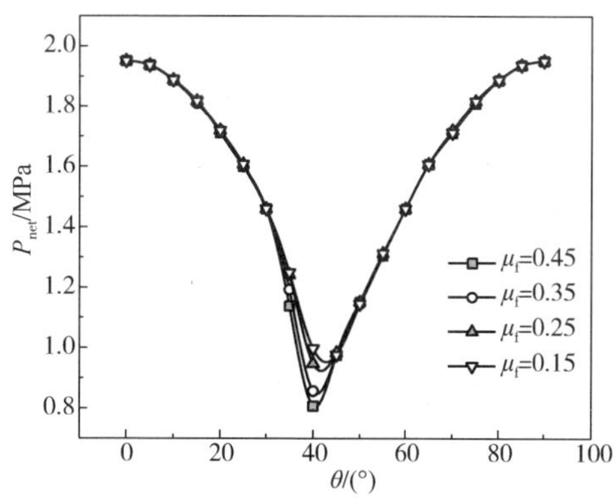

图 5.8 不同壁面内摩擦系数时形成网状裂缝最小净压力随夹角 θ 变化曲线

5.2 煤层水力压裂裂缝扩展物理模拟实验

煤层水力压裂后能够形成复杂裂缝形态，为了直观观察裂缝延伸扩展变化，可以开展大尺寸煤样真三轴水力压裂的室内实验模拟工作。本节实验仅讨论水平地应力差值对裂缝扩展形态的影响，后续对实验条件和过程做详细说明。

5.2.1 压裂物理模拟实验设备及流程

(1) 压裂实验设备介绍。

实验采用真三轴水力压裂模拟实验系统，见图 5.9。该设备以真三轴加载方式对正方体煤试样进行加载来模拟施加地层中的最大水平主应力、水平最小主应力以及上覆地层应力，能够比较真实地反映地层中实际三向地应力状况。

实验系统包括真三轴模块、水力伺服泵压加载控制装置以及数据采集系统。其中真三轴模块包括试样放置室、用于对试样进行加压的方形压块以及驱动压块对试样进行加压的液压泵。真三轴加载装置能够模拟 3 个方向真实的地应力条件，对岩石施加 3 个方向的应力，能够为 300mm×300mm×300mm 的岩石提供最

图 5.9 真三轴水力压裂模拟实验系统

大 150MPa 围压。水力伺服泵压模块包括控制箱体以及高压注入泵，试验中可以选择恒压注入或恒流注入 2 种模式，最大泵压能够达到 70MPa。

（2）实验流程。

① 将准备好的试样放入真三轴加载室内。

② 将实验所需压裂液加入到中间容器，并采用真三轴物理模拟试验机完成模拟三向地应力条件加载。

③ 启动水力压裂泵压系统，电脑实时同步采集数据。

④ 压裂试验完成后，停止泵压，真三轴物理模型试验机平稳卸载到零。

⑤ 拆卸试样，对试样加载各面直接观测记录，并采用数码相机进行拍摄。

⑥ 对压裂试样进行剖切，观察描述试样内部流体运移通道，掌握水力压裂缝扩展规律。

⑦ 分析泵压曲线，完成煤岩压裂水力裂缝开裂形态的综合分析。

5.2.2 压裂物理模拟实验方案

物模实验采用黑龙江省鸡西矿区天然煤样，矿场获取的大块煤以亮煤为主，内部含有部分镜煤层，煤块的层理及割理结构明显。煤样层理面相互平行，连续性较好，能够被清晰辨别，不同层理面间煤颜色有所不同，与煤的发育程度有关，层理间层厚相对较厚，十几厘米到几十厘米不等。煤内部面割理和端割理具有较好的分布规律，与层理垂直。将大块煤试样通过切割、打磨等工艺制备成尺寸为 300mm×300mm×300mm 压裂用煤试样(见图 5.10)。

切割打磨完成后，再用砂纸把煤试样的每一个端面打磨平整，把煤试样置于立式钻床，在煤试样的中部用硬质合金钻头钻出深为 150mm、直径为 11mm 圆孔，以云石胶作为黏合剂将模拟井筒(见图 5.11)安装到钻孔中，其中模拟井筒长 160mm、内径 8mm、外径 10mm。待模拟井筒完全固结后，再安装压裂井筒密封圈，准备开展下一步压裂模拟实验。

考虑到实验过程煤试样内部割理和层理对裂缝延伸轨迹的影响，为尽可能使压裂形成的裂缝形态简单，在制备压裂煤试样的过程中，保证层理面垂直于模拟井筒，并且使面割理走向与最大水平主应力方向保持一致。设计的压裂模拟实验方案见表 5-1，本次实验重点考察三向地应力差异对裂缝延伸形态的影响，故设计了图 5.12 和表 5-1 所示的几种地应力加载情况。

图 5.10　制备完成的压裂煤试样

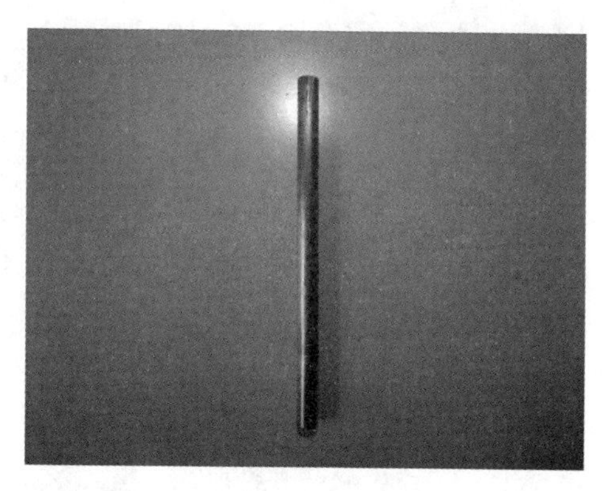

图 5.11　压裂模拟井筒

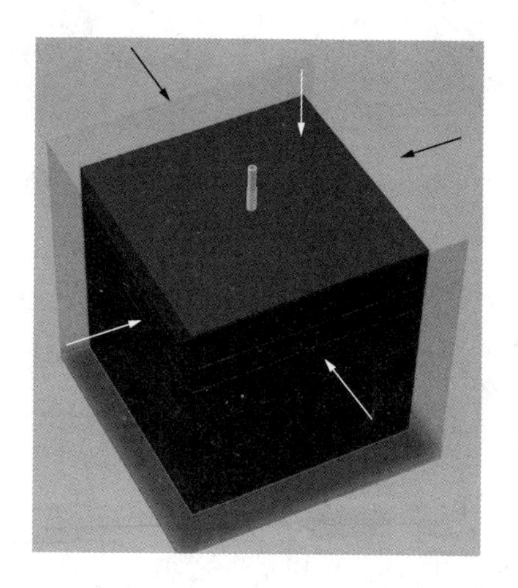

图 5.12　煤试样压裂模拟地应力加载示意图

表 5-1　压裂模拟实验方案

试样编号	σ_v/MPa	σ_H/MPa	σ_h/MPa	Q/(mL/min)	裂缝形态
1	4	6	4	1.5	“T”形缝
3	6	8	4	1.5	“T”形缝
4	8	8	4	1.5	转向、分支缝
7	8	6	4	1.5	分支缝

5.2.3　压裂物理模拟实验结果分析

实验完成后，沿试样表面开启的渗水裂缝将煤试样劈开，观察内部水力裂缝的空间形态变化(见图 5.13)。

a.1#煤试样裂缝扩展延伸形态

b.3#煤试样裂缝扩展延伸形态

c.4#煤试样裂缝扩展延伸形态

d.7#煤试样裂缝扩展延伸形态

图 5.13 煤试样压裂后水力裂缝形态

1#煤试样压裂后，产生垂直裂缝延伸的同时在试样上部水平裂缝开启，形成了典型的“T”形裂缝形态。由裂缝分布情况可以看出，除沿最大水平主应力方向分布的主裂缝外，还生成了分支裂缝（见图 5.13）。由 1#煤试样压力曲线（见图 5.14）可以看出，曲线在初期阶段稳定上升，当压力到达 2.8MPa 时，曲线趋于平稳，产生垂直裂缝延伸。加载时间到达 3600s 时压力由 3.0MPa 开始上升，达到峰值破裂压力后曲线又突然下降，此阶段在压力曲线上出现4个峰值，说明在原有垂直裂缝基础上又出现水平裂缝和分支或转向裂缝延伸。

3#煤试样压裂后，沿最大水平主应力方向生成一条垂直主裂缝，同时在试样中部沿层理面开启水平裂缝，同样形成了典型的“T”形裂缝。由压裂后的裂缝分布形态也很容易看出，在该地应力分布条件下，井筒周围产生了更为复杂的分支裂缝，总体呈现出分支裂缝和“T”形裂缝同时延伸的复杂裂缝系统(见图5.13)。由3#煤试样压力曲线(见图5.14)可以看出，压裂初期压力稳定上升，当压力到达3.4MPa破裂压力时，煤试样发生破裂，而后压力迅速下降，并开始在2.6MPa附近波动，表明一些分支裂缝随着压裂液的注入而不断生成，裂缝保持着相对稳定的扩展。之后压力又出现大幅度上升出现几处峰值破裂压力，表明煤试样发生较为明显的破裂，不但形成“T”形裂缝，还产生了较为明显的分支和转向裂缝，也说明了压力变化曲线波动越明显，压后形成的裂缝形态变化越明显，在主裂缝延伸过程中，水力裂缝、分支裂缝和转向裂缝等复杂裂缝的形成是压裂曲线上出现多段波动的主要原因。

4#煤试样压裂后，沿最大水平主应力方向生成了垂直主裂缝，一侧主裂缝较平直，另一侧主裂缝发生了大约30°偏转，由劈开的煤试样可以发现，发生裂缝偏转的主要原因是由于主裂缝延伸过程遭遇了天然裂缝，在该地应力条件下，裂缝沿开启的天然裂缝延伸发生了偏转(见图5.13)。由4#煤试样压力曲线(见图5.14)可以看出，压裂初期压力稳定上升，当压力到达破裂压力3.7MPa时，煤试样发生破裂，而后压力迅速下降，保持在2.3MPa附近的延伸压力，主裂缝相对稳定扩展。裂缝延伸后期，压力出现小幅上升，形成破裂峰值后压力又迅速下降，表明在压裂后期裂缝形态发生变化，根据4#煤试样压裂后裂缝形态可以看出，压裂后期出现小范围裂缝转向延伸导致了压力曲线的变化。

7#煤试样压裂后，沿最大水平主应力方向生成了垂直主裂缝，模拟井筒两侧垂直主裂缝延伸的同时均发生了裂缝转向并生成了多条分支裂缝，观察压裂后劈开的煤试样，发现裂缝发生偏转和产生的分支裂缝形态较4#煤压裂后的裂缝形态复杂得多，裂缝延伸过程在空间发生了扭转，裂缝形态不是简单的垂直或水平延伸，并且主裂缝与天然裂缝交汇后天然裂缝开启延伸发生了偏转(见图5.13)。由7#煤试样压力曲线(见图5.14)可以看出，压裂初期压力稳定上升，当压力到达4.1MPa时，煤试样发生破裂，而后压力迅速下降，在2.5MPa附近保持裂缝稳定扩展。主裂缝延伸过程中，又出现了几处明显的压力波动，出现了几处明显的峰值压力，说明裂缝在延伸过程中形成了分支裂缝或转向裂缝等复杂裂缝形态，对比压裂后的裂缝形态图片，可以判断主裂缝延伸过程中的压力波动是由于裂缝发生了转向延伸所致。压力波动发生在压裂中期以后，同

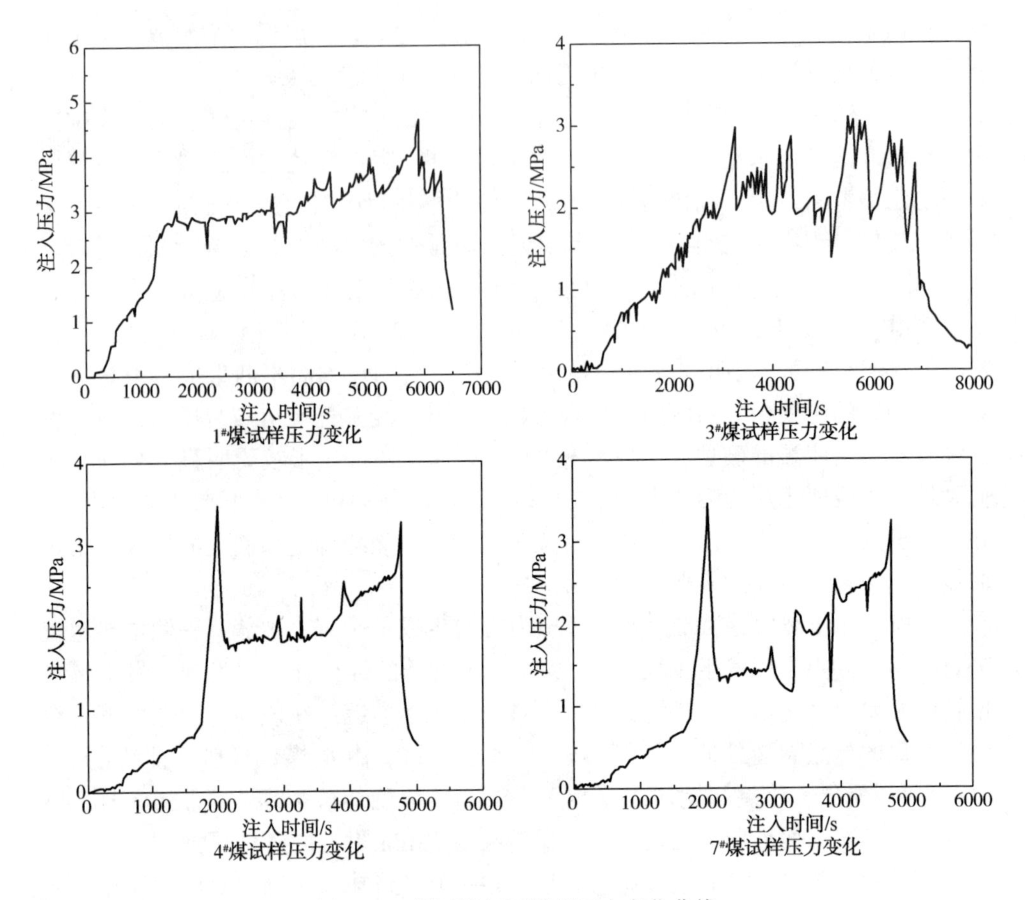

图 5.14　煤试样压裂模拟压力变化曲线

压裂裂缝形态对比也证明压裂试样在距离模拟井筒较远的地方形成比较复杂的转向裂缝形态。

通过实验获取的不同应力状态下的裂缝扩展形态可以看出，煤试样内部的割理弱面对水力裂缝的扩展延伸有着显著的影响，裂缝不再是单一裂缝延伸，而是同时产生多条裂缝或转向裂缝等复杂裂缝形态，尽管裂缝总体是沿最大主应力方向延伸，但具体的形态差异明显，具有显著的非平面扩展特征。煤试样中裂缝不仅会沿着最大水平主应力方向(沿面割理)扩展，也能沿与初始水力裂缝相交的黏聚力较弱的端割理发生转向(图 5.13 中 3#和 7#煤试样)，裂缝形态比较复杂，并且在裂缝延伸过程中，会频繁的发生转向，使水力裂缝面沿面割理和端割理交替延伸，相应的压力变化曲线呈现出阶梯状。

从压裂后的裂缝形态分析，由于 1#和 3#煤试样施加的地层应力状况为垂向地应力为中间或最小地应力，压裂后均生成了“T”形复杂裂缝，可以看出裂缝延伸过程为水平裂缝和垂直裂缝共同存在，这也证明了在一定地应力条件下，压裂能够形成“T”形复杂裂缝。4#和7#煤试样施加的垂向地应力力为三向地应力的最大值，压裂后尽管也形成了转向和分支裂缝，但仍以沿最大水平主应力方向延伸的垂直裂缝为主，裂缝形态复杂程度相对比较简单。

5.3 煤层水力压裂裂缝缝高扩展机理

裂缝高度作为水力压裂二维模型的输入参数，以及三维模型的输出结果，是水力压裂模型精确求解的一个重要影响因素。水力压裂缝高的计算是水力压裂裂缝模型研究的一个核心问题，特别在当前非常规油气资源需要大规模压裂开发的技术背景下，能否准确预测和控制裂缝缝高已经成为压裂施工成败与否的关键。对于埋深较浅、地层应力水平不高的煤层，现有缝高模型也没有表现出较好的适用性，水力裂缝的缝高仍难以准确预测。

裂缝缝高的生长受多种因素制约，包括层间界面及其剪切强度、施工压力、压裂液滤失、天然裂缝发育情况、压裂液密度和黏度等。尽管多种因素影响地层中的裂缝高度生长，但在某一泵注压力下，裂缝高度的增长值存在上限，即平衡高度理论，当裂缝上部和下部尖端的应力强度因子小于裂缝上部和下部尖端所处地层岩石的断裂韧性时，裂缝尖端不会增长；否则裂缝尖端增长，裂缝高度增加。

自20世纪70年代以来，学者们建立了多种用于计算水力压裂裂缝高度的模型。Simonson等建立的水力压裂缝高预测模型将地层分为对称的上下3层，要求上覆岩层与下部岩层岩石物性相同，这与实际压裂地层环境差别较大，模型实用性较差。Ahmed、Newberry等对Simonson模型进行修正，将地层分为非对称的3层且上覆岩层与下部岩层岩石物性不同，增强了模型的实用性。Fung等考虑不同地层的岩石物性差异，建立了包含6层地层的压裂缝高模型，该模型假定裂缝沿高度方向内部净压力恒定。Economides等建立的压裂缝高预测模型考虑了裂缝沿高度方向的内部净压力变化。Weng等对Economides的模型进行了修正，进一步完善了压裂缝高预测模型。Liu建立了更为严谨的水力压裂缝高数学模型(MFEH)，首次解决了适用于任意层数地层条件下的水力压裂裂缝高度计算问题。

本节在前人研究的基础上，考虑水力裂缝扩展过程中裂缝尖端塑性区的影响并对裂缝扩展高度进行修正，建立全新的水力压裂缝高计算模型。

5.3.1 裂缝尖端塑性区特征及等效裂缝求解

水力压裂裂缝尖端区域存在明显的应力集中现象。在高应力作用下，裂缝尖端的岩石会由弹性向塑性转变，当岩石性质表现为塑性时，裂缝尖端的应力强度因子无法使用经典断裂力学理论模型进行计算，裂缝实际的扩展情况发生改变。由图 5.15 可知，若不考虑裂缝尖端塑性区域应力集中的影响，裂缝的左右端点分别为 A_1 和 B_1，对应的裂缝高度为 $2a$；但考虑裂缝尖端塑性区域应力集中的影响，裂缝的左右端点最终能够延伸到 A_2 和 B_2，对应的裂缝高度为 $2(a+e)$，裂缝的高度将发生明显的改变。

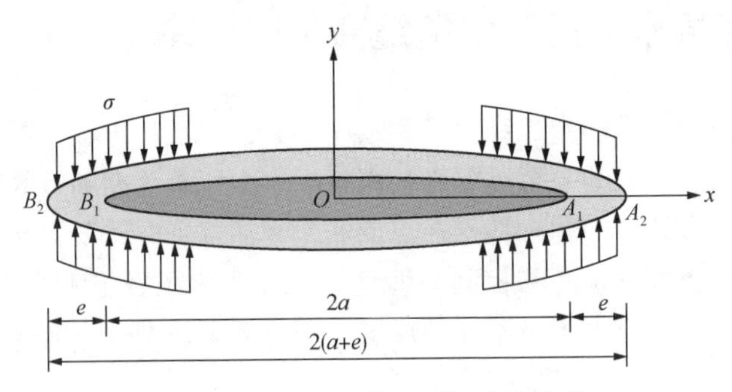

图 5.15 Dugdale 等效裂缝高度模型

为了进一步说明裂缝尖端塑性区应力集中对缝高的影响，给出平面应变条件下裂缝尖端塑性区分布计算模型及考虑塑性区应力影响的等效裂缝高度计算方法。根据断裂力学理论，裂缝尖端的应力强度因子为：

$$K_{\mathrm{I}} = \frac{2\sqrt{a}}{\sqrt{\pi}} \int_0^a \frac{\sigma}{\sqrt{a^2 - x^2}} \mathrm{d}x = \sigma \sqrt{\pi a} \tag{5-12}$$

裂缝端部任一点的 3 个主应力为：

$$\begin{cases} \sigma_1 = \dfrac{K_{\mathrm{I}}}{\sqrt{2\pi r}} \cos \dfrac{\theta}{2} \left(1 + \sin \dfrac{\theta}{2}\right) \\ \sigma_2 = \dfrac{K_{\mathrm{I}}}{\sqrt{2\pi r}} \cos \dfrac{\theta}{2} \left(1 - \sin \dfrac{\theta}{2}\right) \\ \sigma_3 = \upsilon(\sigma_1 + \sigma_2) = 2\upsilon \dfrac{K_{\mathrm{I}}}{\sqrt{2\pi r}} \cos \dfrac{\theta}{2} \end{cases} \tag{5-13}$$

岩石材料服从 Mises 屈服条件式：

$$(\sigma_1 - \sigma_2)^2 + (\sigma_2 - \sigma_3)^2 + (\sigma_3 - \sigma_1)^2 = 2\sigma_y{}^2 \tag{5-14}$$

将式(5-13)代入式(5-14)中，可得到塑性区边界极坐标形式的曲线方程为：

$$r_1 = \frac{K_{\mathrm{I}}{}^2}{2\pi\sigma_y{}^2} \left[\frac{3}{4} \sin^2\theta + (1 - 2\upsilon)^2 \cos^2 \frac{\theta}{2} \right] \tag{5-15}$$

考虑裂缝扩展高度对裂缝尖端应力强度因子 K_{I} 的影响，通过式(5-15)分析裂缝尖端塑性区域分布的变化。计算裂缝高度分别为 5m、15m、35m 和 55m 时产生的塑性区域(见图 5.16)。由计算结果可知，随着裂缝高度的增大，裂缝尖端产生的塑性区逐渐增大。当裂缝高度为5m时，裂缝尖端仅产生微小的塑性区域；当裂缝高度为55m时，产生的塑性区高度为2.3m，达到当前裂缝高度的4.18%。因此在不同缝高下裂缝尖端确实存在塑性区应力集中的影响，且裂缝缝高较大时，裂缝尖端塑性区分布范围大，必然会对裂缝缝高的延伸产生显著影响。因此计算缝高时，需要考虑裂缝尖端塑性区应力集中及其对缝高延伸的影响。

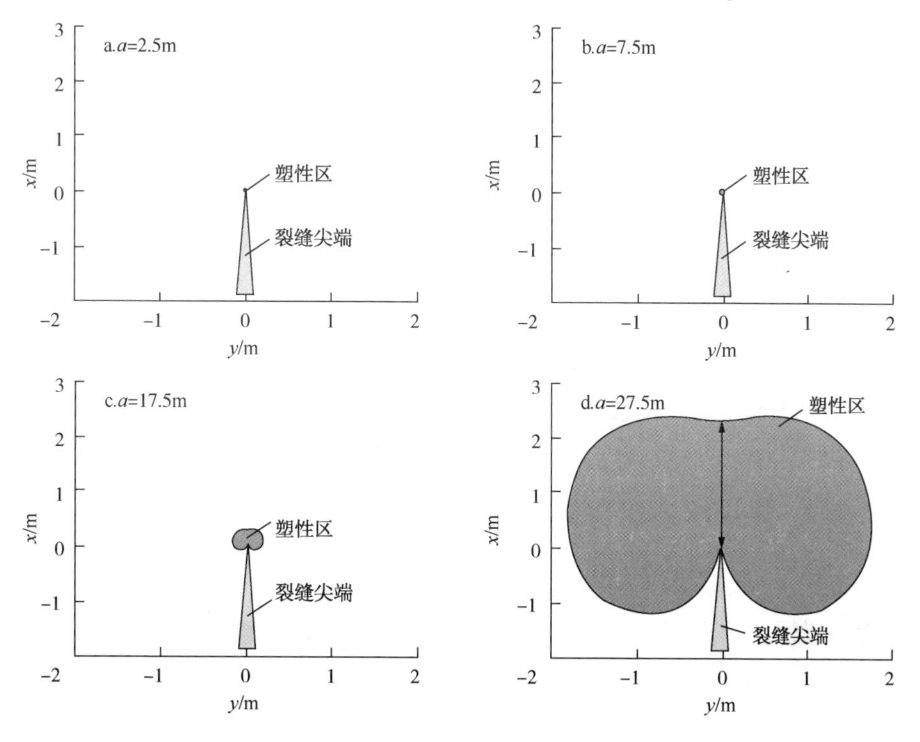

图5.16 不同裂缝半高条件下裂缝尖端塑性区分布

Dugdale提出裂缝端部产生塑性区后可以用一个等效裂缝代替，如图5.15所示。原裂缝A_1B_1高为$2a$，等效裂缝A_2B_2的高度为$2(a+e)$，其中e为塑性区尺寸。塑性区内裂纹实际并没有张开，塑性区任一点的应力分量均为σ_y。由于A_1A_2段和B_1B_2段实际并未裂开，所以等效裂缝端点A_2及B_2处的应力强度因子为零。在塑性区内等效裂缝面间相互作用着均匀分布的拉应力σ_y，σ_y产生的应力强度因子K'为负数，因为它的作用是使裂纹闭合。K'的绝对值等于外载作用下的应力强度因子K''：

$$K' = -\int_{a}^{a+e} \frac{\sigma_y 2\sqrt{a+e}\,\mathrm{d}x}{\sqrt{\pi}\sqrt{(a+e)^2 - x^2}} \tag{5-16}$$

$$K'' = \sigma\sqrt{\pi(a+e)} \tag{5-17}$$

(5-16)式积分后得：

$$K' = -2\sigma_y \sqrt{\frac{a+e}{\pi}} \arccos\left(\frac{a}{a+e}\right) \tag{5-18}$$

令 $|K'| = K''$，则有：

$$\frac{a}{a+e} = \cos\frac{\pi\sigma}{2\sigma_y} \tag{5-19}$$

其中：

$$\cos\frac{\pi\sigma}{2\sigma_y} = 1 - \frac{1}{2}\left(\frac{\pi\sigma}{2\sigma_y}\right)^2 + \cdots$$

当 $\frac{\sigma}{\sigma_y} \ll 1$ 时，可将按级数展开后的高次项略去，得：

$$e = \frac{\pi}{8}\left(\frac{K_1}{\sigma_y}\right)^2 \tag{5-20}$$

式(5-20)为考虑塑性区应力集中影响后，裂缝尖端在缝高延伸方向上能够产生的塑性区尺寸，即裂缝扩展所产生的附加高度，在此基础上可以对裂缝尖端实际应力强度因子进行计算，从而确定产生的裂缝高度。

5.3.2 煤层水力压裂缝高模型

5.3.2.1 缝高模型的推导

建立煤层中垂直裂缝的缝高物理模型(见图 5.17)，模型只展示了垂向上 6 个不同性质的地层，但建立的缝高模型不受地层层数限制，可应用于任意层数地层的缝高计算。

为建立缝高模型进行如下假设：

(1) 煤层岩石为线弹性介质。

(2) 假定流体在整个裂缝高度上起作用。

(3) 裂缝扩展区离井筒位置足够远。

(4) 水力裂缝的长度远远大于裂缝高度。

(5) 裂缝高度在裂缝尖端的扩展始终处于平衡状态。

(6) 裂缝内垂直方向的压力分布满足静水压力，不考虑流体在裂缝中流动的压降。

不考虑裂缝尖端产生的塑性区影响时(见图 5.16 灰色区域)，参考 Liu 的模型，裂缝上、下端的应力强度因子可以分别表示为：

$$K_{1-} = \sqrt{\frac{1}{\pi C}} \int_{-C}^{C} p_{net}(x) \sqrt{\frac{C-x}{C+x}} dx \tag{5-21}$$

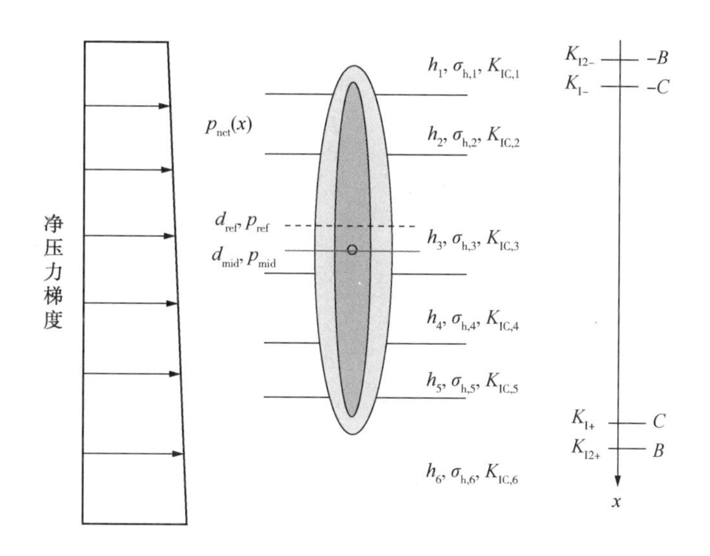

图 5.17　裂缝垂向延伸物理模型

$$K_{I+} = \sqrt{\frac{1}{\pi C}} \int_{-C}^{C} p_{net}(x) \sqrt{\frac{C + x}{C - x}} \mathrm{d}x \tag{5-22}$$

其中：

$$p_{net}(x) = \rho g x + b_i = m x + b_i$$

$$b_i = p_{ref} + 10^{-6} m (d_{mid} - d_{ref}) - \sigma_{h,i}$$

$$m = \rho g$$

考虑裂缝尖端产生的塑性区影响时(见图 5.16 浅灰色区域)，裂缝下端塑性区使裂缝闭合的应力 $\sigma_{h,i}$ 产生的应力强度因子 K'_{I+} 为负值，其绝对值大小与裂缝内压作用下的应力强度因子 K_{I2+} 相等，根据(5-22)式得：

$$K'_{I+} = -\sqrt{\frac{1}{\pi (C + e_d)}} \int_{-(C+e_d)}^{(C+e_d)} \sigma_i \sqrt{\frac{(C + e_d) + x}{(C + e_d) - x}} \mathrm{d}x \tag{5-23}$$

积分后得：

$$K'_{I+} = -\frac{\sigma_i}{\sqrt{\pi (C + e_d)}} \left[\frac{\pi}{2} (C + e_d) - (C + e_d) \arcsin\left(\frac{C}{C + e_d} \right) + \sqrt{(C + e_d)^2 - C^2} \right] \tag{5-24}$$

考虑裂缝尖端塑性区影响时，将裂缝内流体净压力 p_{net} 代入(5-22)式得到裂缝下尖端的应力强度因子：

$$K_{I2+} = \sqrt{\frac{1}{\pi (C + e_d)}} \int_{-(C+e_d)}^{(C+e_d)} (10^{-6} m x + b_i) \sqrt{\frac{(C + e_d) + x}{(C + e_d) - x}} \mathrm{d}x \tag{5-25}$$

积分后得到：

$$K_{I2+}[m,\ b_i,\ (C+e_d)] = \frac{1}{2}[2b_i + 10^{-6}m(C+e_d)]\sqrt{\pi(C+e_d)} \tag{5-26}$$

令

$$|K'_{I+}| = K_{I2+}[m,\ b_i,\ (C+e_d)] \tag{5-27}$$

简化可得：

$$e_d = \frac{\pi}{2}\left(\frac{K_{I+}}{\sigma_{h,\ i}}\right)^2 \tag{5-28}$$

同理，可对裂缝上尖端的塑性区缝高进行推导得：

$$e_u = \frac{\pi}{2}\left(\frac{K_{I-}}{\sigma_{h,\ i}}\right)^2 \tag{5-29}$$

假设 $A=2C+e_d+e_u$，$B=A/2$。当考虑裂缝尖端塑性区时，垂直裂缝上、下端的应力强度因子分别为

$$K_{I2+} = \sqrt{\frac{1}{\pi B}}\int_{-B}^{B}(10^{-6}mx + b_i)\sqrt{\frac{B+x}{B-x}}\mathrm{d}x \tag{5-30}$$

$$K_{I2-} = \sqrt{\frac{1}{\pi B}}\int_{-B}^{B} -(10^{-6}mx + b_i)\sqrt{\frac{B-x}{B+x}}\mathrm{d}x \tag{5-31}$$

对其进行积分可得到考虑缝尖塑性区影响的水力压裂裂缝上、下端的应力强度因子。裂缝上任意位置 x 所对应的裂缝下端应力强度因子为：

$$K_{I2+}(m,\ b_i,\ x) = \frac{2B\sqrt{B-x}(b_i + 10^{-6}mB)\,2\sin^{-1}\left(\frac{\sqrt{B+x}}{2B}\right)}{2\sqrt{\pi B(B-x)}} - \frac{(B-x)\sqrt{B+x}[2b_i + 10^{-6}m(2B+x)]}{2\sqrt{\pi B(B-x)}} \tag{5-32}$$

$$K_{I2+}(m,\ b_i,\ -B) = 0 \tag{5-33}$$

$$K_{I2+}(m,\ b_i,\ B) = \frac{1}{2}(2b_i + mB)\sqrt{\pi B} \tag{5-34}$$

考虑裂缝端部塑性区影响时，裂缝在第 i 层地层的裂缝下端的应力强度因子为：

$$K_{I2+,\ i} = K_{I2+}(m,\ b_i,\ x_{d,\ i}) - K_{I2+}(m,\ b_i,\ x_{u,\ i}) \tag{5-35}$$

裂缝在多层地层延伸过程中裂缝下端的总应力强度因子为：

$$K_{I2+} = \sum_{i=1}^{n}[K_{I2+}(m,\ b_i,\ x_{d,\ i}) - K_{I2+}(m,\ b_i,\ x_{u,\ i})] \tag{5-36}$$

同理，可以得到裂缝上端的总应力强度因子为：

$$K_{I2-}=\sum_{i=1}^{n}[K_{I2-}(-m,\ b_i,\ x_{u,i})-K_{I2-}(-m,\ b_i,\ x_{d,i})]\tag{5-37}$$

考虑裂缝端部塑性区影响时，裂缝上端延伸条件为 $K_{I2-}\geqslant K_{IC,i}$；裂缝下端延伸条件为 $K_{I2+}\geqslant K_{IC,i}$。

5.3.2.2 缝高模型的验证

在相同条件下，将本节模型与两种行业软件(FracPro、MFEH)的裂缝高度计算结果进行对比，验证模型的准确性。计算采用费耶特维尔页岩地层参数，地层分为7层，各层岩石物理力学参数见表5-1，压裂液密度为1100kg/m^3，射孔深度1430.009m，地层断裂韧性为2.1977MPa·m$^{1/2}$。当射孔位置的压裂液压力为31.3MPa时，MFEH模型计算的缝高为60.61m，本文模型计算的缝高为66.47m；当射孔位置的压裂液压力为32.0MPa时，本文模型计算的缝高为71.24m，FracPro模型计算的缝高为82.68m。通过对比可以看出，本文模型计算的裂缝高度高于MFEH模型的计算结果，而低于FracPro模型的计算结果，与行业软件计算结果相当，说明本文模型具有较好的准确性。由于本文模型在MFEH模型基础上考虑了裂缝尖端塑性区的影响，在每次进行缝高修正求解过程中，均需要对原缝高产生的塑性区进行计算，因此模型的运算效率低于MFEH模型。

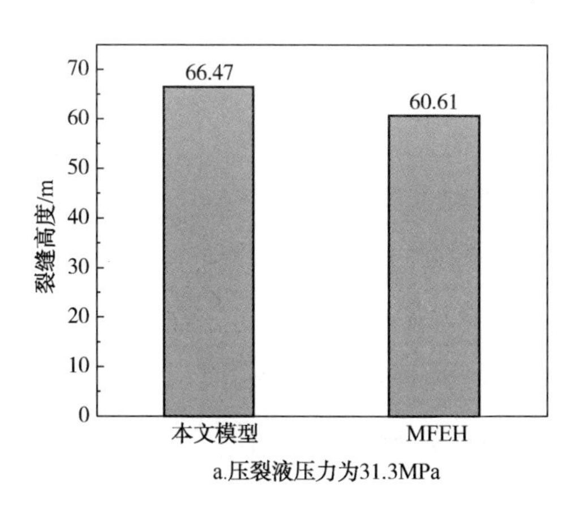

a.压裂液压力为31.3MPa

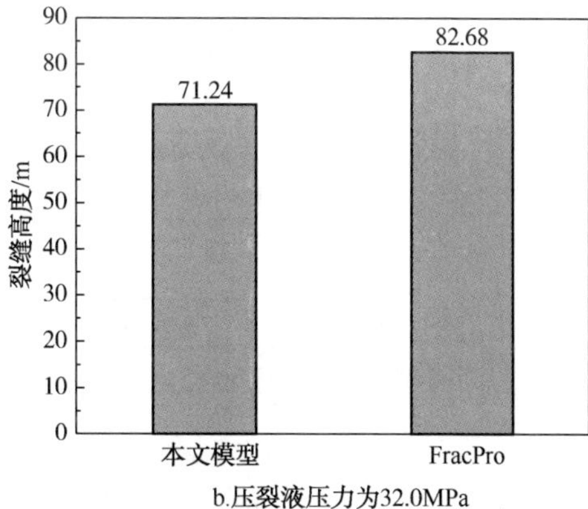

b.压裂液压力为32.0MPa

图5.18 不同模型计算结果对比

表5-1 费耶特维尔页岩地层岩石物理力学参数

层号	顶深/m	层厚/m	地应力/MPa	射孔情况
1	1352.568	28.3220	34.0967	否
2	1380.890	21.9944	30.1646	否
3	1402.885	7.6825	31.5651	否

续表

层号	顶深/m	层厚/m	地应力/MPa	射孔情况
4	1410.567	3.9167	28.9796	否
5	1414.484	24.2514	27.7406	是
6	1438.735	27.2674	41.2608	否
7	1466.003	27.5661	37.1671	否

5.4 煤层压裂“T”形裂缝扩展模型

煤层水力压裂后形成的“T”形裂缝是一种特殊形态裂缝，目前仍缺少相关的理论模型对“T”形裂缝的形态进行描述和评价。以往学者们开展了大量有关裂缝性储层水力裂缝延伸机理的研究，从压裂储层的应力场变化入手来研究和分析天然裂缝参数对水力裂缝延伸的影响，但针对煤层压裂形成特殊的“T”形裂缝，以往的研究成果已不再适用。本节研究主要从理论上解释煤层压裂形成“T”形裂缝的力学机理。

5.4.1 “T”形裂缝扩展模型的建立

“T”形裂缝由一条垂直裂缝和一条水平裂缝组成(见图5.19)。煤层压裂时，首先形成一条垂直裂缝，垂直裂缝上、下端延伸到水平层理等结构弱面后，在压裂液压力作用下使层理开启延伸而形成“T”形裂缝。

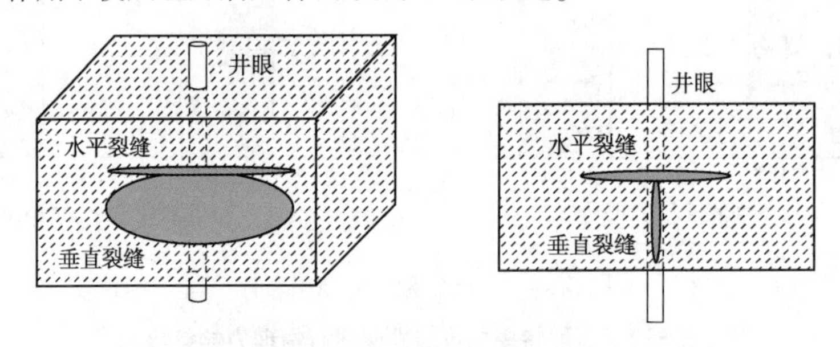

图5.19 煤层压裂“T”形裂缝示意图

当垂直裂缝与煤层层理相遇时，在垂直裂缝尖端局部应力和原地应力共同作用下，使层理发生拉伸或剪切破坏而形成“T”形裂缝(见图5.20)。由于层理与水平面夹角较小时，水平裂缝左右两侧开启难度几乎没有差异，呈现的裂缝形态具有“T”形特点，且考虑实际地层层面近似平行于水平面的特点，故对模型进行简化，忽略层理倾角的影响，只讨论层理平行于水平面而与裂缝垂直的情况。

由原地应力在水平层理面所产生的正应力和剪应力分别为：

$$\sigma_n^{\infty} = \frac{\sigma_v + \sigma_h}{2} - \frac{\sigma_v - \sigma_h}{2}\cos 2\alpha_\theta \tag{5-38}$$

$$\tau^{\infty} = -\frac{\sigma_v - \sigma_h}{2}\sin 2\alpha_\theta \tag{5-39}$$

式中，α_θ 为水平层理与垂向应力的夹角，(°)。

垂直裂缝与水平层理相遇时，在水平层理面上距离垂直裂缝尖端距离为 r 处，由垂直裂缝诱导所产生的各应力为：

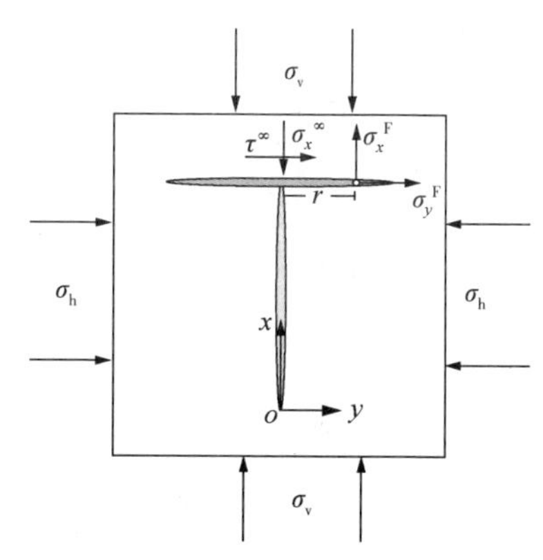

图 5.20 “T”形裂缝物理模型

$$\sigma_x^F = \frac{K_I}{\sqrt{2\pi r}}\cos\frac{\theta}{2}\left(1 - \sin\frac{\theta}{2}\sin\frac{3}{2}\theta\right) \tag{5-40}$$

$$\sigma_y^F = \frac{K_I}{\sqrt{2\pi r}}\cos\frac{\theta}{2}\left(1 + \sin\frac{\theta}{2}\sin\frac{3}{2}\theta\right) \tag{5-41}$$

$$\tau_{xy}^F = \frac{K_I}{\sqrt{2\pi r}}\cos\frac{\theta}{2}\sin\frac{\theta}{2}\cos\frac{3}{2}\theta \tag{5-42}$$

式中，θ 为裂缝尖端极坐标系下任一点偏离裂缝延长线方向的极角，(°)；K_I表示垂直裂缝尖端的应力强度因子，对应裂缝下端时为(5-36)式计算结果，而对应裂缝上端时为(5-37)式结果。

上述裂缝尖端诱导的各项应力转换到裂缝面所受的正应力和剪应力为：

$$\sigma_n^F = \sigma_x^F \sin^2\beta_\theta + \sigma_y^F \cos^2\beta_\theta + 2\tau_{xy}^F \cos\beta_\theta \sin\beta_\theta \tag{5-43}$$

$$\tau^F = (\sigma_y^F - \sigma_x^F)\cos\beta_\theta \sin\beta_\theta + \tau_{xy}^F(\cos^2\beta_\theta - \sin^2\beta_\theta) \tag{5-44}$$

式中，β_θ为水平层理面极坐标系与垂直裂缝直角坐标系的夹角，(°)。

考虑到层理为水平层理，对应的 $\alpha=\beta=\theta=90°$，则可以得到由垂直裂缝和原地应力共同作用下的水平层理受力情况如下：

$$\sigma_n = \sigma_n^{\infty} + \sigma_n^F = \sigma_v + \frac{K_I}{4\sqrt{\pi r}} \tag{5-45}$$

$$\tau = \tau^{\infty} + \tau^F = \frac{K_I}{4\sqrt{\pi r}} \tag{5-46}$$

所以，对于水平层理，满足(5-47)式将会发生拉伸破坏形成水平裂缝，而满足式(5-48)则会发生剪切破坏而形成水平裂缝。根据式(5-47)和式(5-48)取破坏的临界条件则可以确定发生不同破坏时所能生成的水平裂缝长度，进而确定"T"形裂缝形态。

$$\sigma_n \geqslant \sigma_t \tag{5-47}$$

$$\tau \geqslant \tau_s \tag{5-48}$$

式中，σ_t为层理面的抗拉强度，MPa；τ_s为层理面的黏聚力，MPa。

5.4.2 "T"形裂缝扩展模型计算应用与分析

本节主要通过大尺寸煤试样的水力压裂模拟实验结果来验证模型的正确性。如本书5.2节所介绍的实验内容。差别在于本次实验对试样进行了外涂包裹，在内部尺寸250mm×250mm×250mm的煤外部包裹一层水泥石厚度为25mm，这样在煤与水泥之间形成了明显的层面。压裂后的煤试样形成了"T"形裂缝(见图5.21)，压裂过程涉及的各参数和裂缝参数见表5-2。

图5.21　煤试样水力压裂"T"形裂缝延伸形态

表5-2　煤试样压裂各项参数和裂缝参数统计

序号	参数	符号	单位	数值
1	最大水平主应力	σ_H	MPa	6
2	水平最小主应力	σ_h	MPa	4
3	上覆岩层应力	σ_v	MPa	10
4	垂直裂缝缝高	$2C$	m	0.25
5	水平裂缝缝长	l_f	m	0.05~0.15
6	裂缝延伸压力	P_r	MPa	5.5
7	压裂液密度	ρ	kg/m^3	1050

应用表 5-2 中的数据，根据建立的“T”形裂缝模型采取试算的方式对可能生成的水平裂缝长度进行求解，将计算得到的结果记录于表 5-3 中。由试算表明该条件下，由垂直裂缝引起的拉应力远远小于模拟施加的上覆岩层应力，不能够发生拉伸破坏，故只能产生剪切破坏。表 5-3 中只列出了 3 组不同水平裂缝长度所对应的煤断裂韧性和煤与水泥石界面抗剪切强度数值。

表 5-3 “T”形裂缝模型试算结果

第 1 组试算结果			第 2 组试算结果			第 3 组试算结果		
符号	单位	数值	符号	单位	数值	符号	单位	数值
K_{IC}	$MPa \cdot m^{1/2}$	0.94	K_{IC}	$MPa \cdot m^{1/2}$	0.94	K_{IC}	$MPa \cdot m^{1/2}$	0.94
τ_s	MPa	0.84	τ_s	MPa	0.59	τ_s	MPa	0.48
l_f	m	0.05	l_f	m	0.1	l_f	m	0.15

根据表 5-3 所示结果，“T”形裂缝的水平裂缝长度为 0.05~0.15m 时，煤与顶板的层理面抗剪切强度值为 0.48 ~ 0.84MPa，对应的断裂韧性为 $0.94MPa \cdot m^{1/2}$，该结果符合实际煤的力学特性参数，说明本节模型计算结果可信。

鉴于实验试样尺度有限，为了分析更接近真实地层情况下的“T”形裂缝扩展的影响因素，假定计算参数见表 5-4。设定地层含有 3 层的情况，上层和下层为隔层，中间层为煤层，各层的地应力、断裂韧性和各层顶界面的抗拉、抗剪强度均有所差异，射孔位置为煤层中部 960m 处。通过计算，得到煤层中垂直裂缝缝高变化见图 5.22，注入压力达到 17.20MPa 时，裂缝迅速起裂并使缝高延伸到煤层顶、底界面，而随着射孔处注入压力增加，裂缝会向上和向下延伸穿层进入隔层。裂缝穿层前，在煤层顶界面处形成的“T”形裂缝剖面形态见图 5.23。在计算的应力条件下，由垂直裂缝诱导产生的拉伸应力远远小于作用于层理面的上覆岩层应力，煤层顶界面只能发生剪切破坏而形成“T”形裂缝。

表 5-4 地层中“T”形裂缝扩展影响因素分析基础数据

地层层号	层面顶深/m	地层厚度/m	水平最小主应力/MPa	上覆岩层应力/MPa	断裂韧性/$MPa \cdot m^{1/2}$	抗张强度/MPa	抗剪强度/MPa
1	900	50	20.7	21.6	1.42	0.91	3.49
2	950	20	16.4	22.8	0.71	0.32	0.85
3	970	50	22.3	23.3	1.42	0.93	3.62

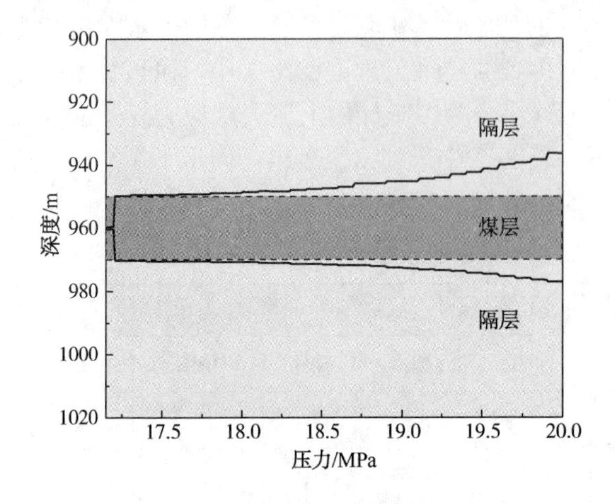

图 5. 22　地层裂缝高度随射孔处注入压力变化

图 5. 23　射孔处注入压力 17. 30MPa 时裂缝形态

讨论各因素对“T”形裂缝扩展的影响时，采用单因素分析的方法，保证其他参数不变(见表 5-4)而只改变所分析的参数，来计算该参数对“T”形裂缝形态的影响。为了能够统一评价各因素对“T”形裂缝形态的影响，定义“T”形裂缝水平裂缝长度和垂直裂缝长度的比值为：

$$T_{hv} = \frac{2C}{l_f} \tag{5-49}$$

应用式(5-49)计算结果可直观反映“T”形裂缝形态的变化，能够分析不同因素影响下“T”形裂缝的水平裂缝与垂直裂缝的比例关系。

(1) 垂直裂缝高度对“T”形裂缝形态的影响。

改变中间煤层厚度，使煤层厚度由 10m 增加到 50m，间隔 10m 变化，计算煤层垂直裂缝高度改变所产生的裂缝形态变化，见图 5. 23。

根据图 5. 24 结果得出：随着垂直裂缝缝高增加，水平裂缝长度有所增大，垂直裂缝缝高 10m 时能够产生 1. 24m 长的水平裂缝，当垂直裂缝缝高增加到 50m 时，能够产生 2. 76m 长的水平裂缝。但通过 T_{hv} 的变化可以看出：随着垂直裂缝缝高增加，T_{hv} 值减小并趋于稳定，这说明当垂直裂缝高度增加到一定值以后，通过增加垂直裂缝高度来增大水平裂缝长度的效果已经不再明显。

(2) 煤层断裂韧性对“T”形裂缝形态的影响。

保证其他参数不变，只增加中间煤层的断裂韧性数值，由 0. 21 增加到 2. 21MPa · $m^{1/2}$，间隔 0. 5MPa · $m^{1/2}$ 变化。分析煤层断裂韧性对裂缝形态的影响，将计算结果绘制成图 5. 24 所示曲线。

由图 5. 25 曲线可以得出：随着煤断裂韧性增加，水平裂缝长度开始保持不

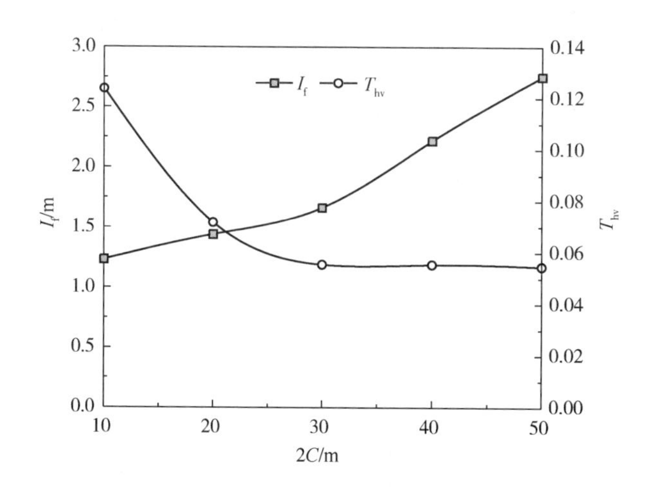

图 5.24 "T"形裂缝水平裂缝长度和形态随垂直裂缝缝高变化

变，当断裂韧性达到某一数值后，水平裂缝长度随断裂韧性增加而迅速增大。这说明存在某一阈值，在小于该阈值时，煤断裂韧性增加，并不会影响水平裂缝长度，而大于该阈值后，煤断裂韧性对水平裂缝长度影响明显。本节计算实例表明该阈值为 0.71MPa · $m^{1/2}$。T_{hv}的变化规律与水平裂缝长度的变化规律完全一致，当煤断裂韧性由 0.21 增加到 2.21MPa · $m^{1/2}$时，T_{hv}由 0.07 增加到 0.457。

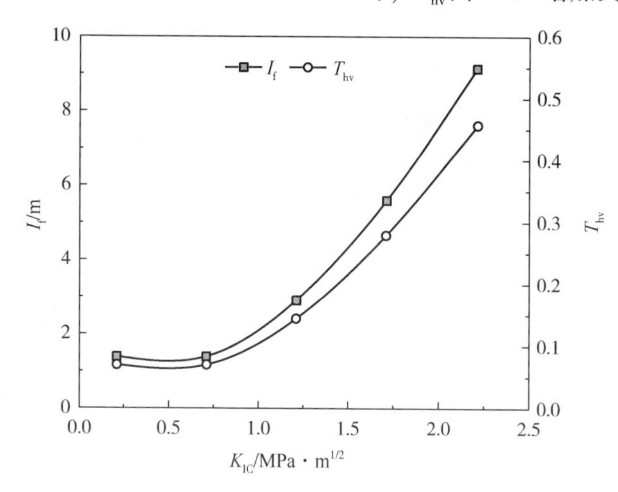

图 5.25 "T"形裂缝水平裂缝长度和形态随煤断裂韧性的变化

(3) 层理抗剪切强度对"T"形裂缝形态的影响。

本节只分析层理抗剪切强度对"T"形裂缝形态的影响，改变抗剪切强度由 0.85MPa 减小到 0.05MPa，间隔 0.2MPa 变化，分析"T"形裂缝形态变化。

由图 5.26 曲线可知：随着煤层与隔层界面抗剪切强度的增加，"T"形裂缝水平缝的长度迅速减小，并且可以看出在抗剪切强度为 0.05MPa 时形成的水平裂缝长度可以达到 400m，而抗剪切强度增加到 0.85MPa 时，仅能形成 1.4m 的水平裂缝。由于垂直裂缝高度没有变化，故 T_{hv} 的变化规律与水平裂缝长度变化规律完全一致。

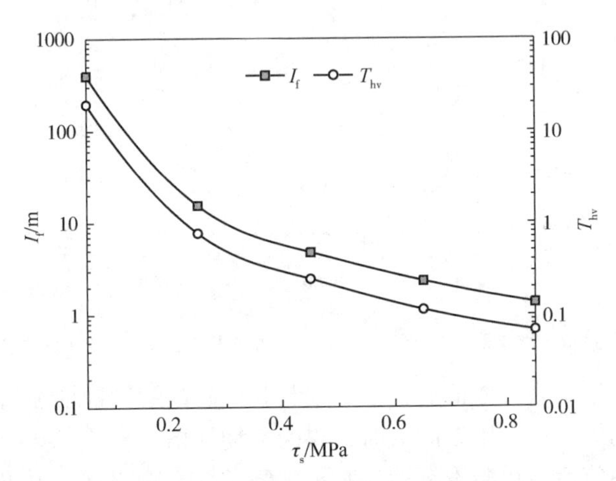

图 5.26 “T”形裂缝水平裂缝长度和形态随煤层界面抗剪切强度变化

本节建立的理论模型揭示出煤层压裂“T”形裂缝形成的力学机理，但也仍然存在很多需要完善的地方，例如模型并没有考虑压裂液的滤失、滤失引起的地层孔隙压力变化所产生的应力场的改变、形成水平裂缝后压裂液注入裂缝产生的裂缝进一步扩展等力学问题。这都与实际情况存在一定的偏差，今后仍需开展深入研究对相关问题给予解释和完善。

6 煤层压裂裂缝扩展数值模拟研究

6.1 改进的裂缝扩展流固耦合模型

针对裂缝扩展流—固耦合作用下水力裂缝动态边界计算问题，各国学者提出了多种解决方案。有限元法(FEM)将岩石离散成有限个相互连接的单元组合体，但计算域只存在岩石单元，这导致水力裂缝只能沿预先设定的节点边界扩展，无法保证计算准确性。扩展有限元法(XFEM)将计算域内所有计算节点划分为有裂缝已扩展、无裂缝扩展和裂缝正在扩展3种类型，通过对含流体单元做应力平衡计算确定裂缝宽度，XFEM方法虽然应用广泛，但开展大尺寸水力压裂模拟时，计算效率较低。近年来，研究人员也将离散元法(DFN)应用于水力压裂模拟，虽然DFN方法在水力压裂领域中表现出极大潜力，但该方法计算量较大，处理复杂问题时，计算稳定性仍需进一步提升。

位移不连续法(DDM)具有计算节点离散和计算效率高的特点，已被广泛应用于岩石的变形计算和水力压裂模拟。以往基于DDM方法的裂缝扩展模型都是以最大周向应力准则为裂缝扩展依据。Olson提出采用裂缝尖端法向位移和切向位移计算最大周向应力准则中的应力强度因子，但此方法只有在远场受拉的情况下成立(见图6.1a)。当远场受水平双向压应力，且裂缝内部存在流体压力时(见图6.1b)，其方法计算出的破裂角可能并非裂缝尖端最大周向应力所在位置。同时，通过DDM方法计算岩石变形过程中，当位移不连续单元大小及求解方法发生改变时，所得的法向位移与切向位移数值也会发生变化，增加了裂缝扩展方向的不确定性。本节基于最大周向应力准则思想改进了位移不连续模型，通过数值搜寻(SNSM)方法确定水力压裂裂缝真实扩展角度，并通过室内实验和数值模拟计算验证了模型的准确性。

裂缝表面的形变位移是双向地应力和缝内流体压力共同作用的结果，为建立数学模型，提出如下假设：

(1) 最小水平主应力与 x 轴同向，最大水平主应力与 y 轴同向(见图6.2)。

(2) 压裂液为牛顿流体，进入裂缝后不存在支撑效应。

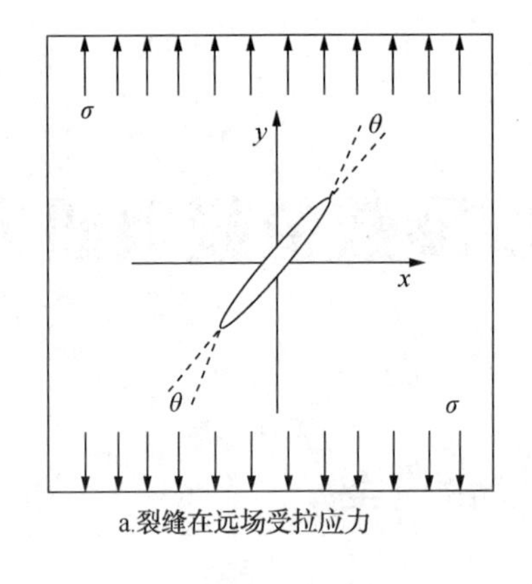

a.裂缝在远场受拉应力

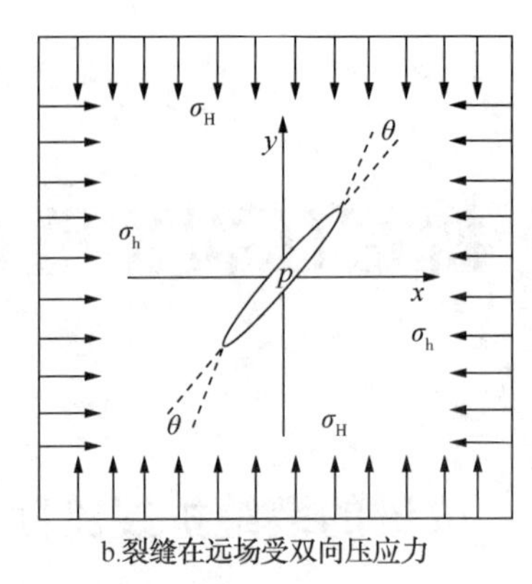

b.裂缝在远场受双向压应力

图 6.1　裂缝在远场受力情况

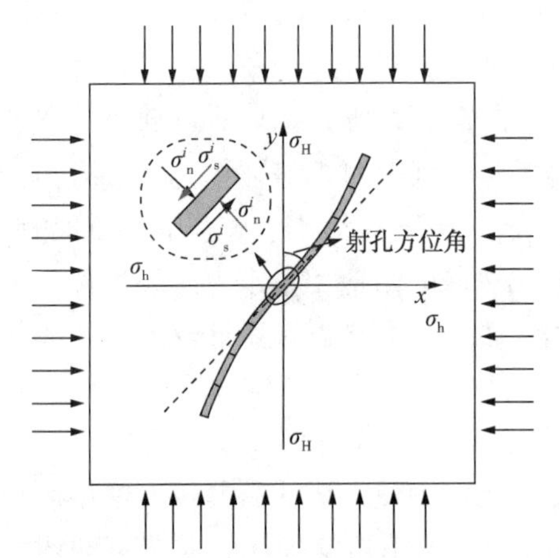

图 6.2　位移不连续单元受力示意图

（3）裂缝缝高为预设定值，不存在随泵注时间增加而出现增长现象。

（4）忽略压裂液与地层岩石之间的物理化学作用。

（5）忽略压裂液与地层岩石温度差对裂缝扩展的影响。

（6）假定地层岩石为弹性体，满足线弹性理论计算准则。

6.1.1　岩石变形方程

裂缝扩展过程中，将裂缝划分为有限个位移不连续单元。任意单元 i 所受应力及位移是由整个计算域内所有单元的不连续位移量相互叠加得到(见图 6.2)：

$$\sigma_{n}^{i} = \sum_{j=1}^{N} G^{ij} C_{ns}^{ij} D_{s}^{j} + \sum_{j=1}^{N} G^{ij} C_{nn}^{ij} D_{n}^{j} \tag{6-1}$$

$$\sigma_{s}^{i} = \sum_{j=1}^{N} G^{ij} C_{ss}^{ij} D_{s}^{j} + \sum_{j=1}^{N} G^{ij} C_{sn}^{ij} D_{n}^{j} \tag{6-2}$$

式中，$\sigma_{n}{}^{i}$为任意单元 i 的法向应力，Pa；$\sigma_{s}{}^{i}$为任意单元 i 的切向应力，Pa；$D_{n}{}^{i}$为计算域内单元 j 的法向位移，m；$D_{s}{}^{i}$为计算域内单元 j 的切向位移，m；$C_{ns}{}^{ij}$、$C_{nn}{}^{ij}$、$C_{ss}{}^{ij}$和 $C_{sn}{}^{ij}$为计算域内单元 i、j 构成的刚度矩阵；N 为不连续位移单元数量。G^{ij}为三维缝高修正因子，用以修正在有限缝高下缝间相互影响，可表示为：

$$G^{ij} = 1 - \frac{d_{ij}^{\beta}}{[d_{ij}^2 + (h/\alpha)^2]^{\beta/2}} \tag{6-3}$$

式中，h 为缝高，m；d_{ij}为单元 i 与单元 j 的距离，m；α、β 为经验参数，本书中 $\alpha=1.0$、$\beta=2.3$。

6.1.2 缝内流体流动方程

假设裂缝两侧壁面不存在相对滑移且缝内流体压降均匀，则 Navier-Stokes 方程可简化为：

$$\frac{\mathrm{d}p}{\mathrm{d}x} = \frac{12q\mu}{w^3 h} \tag{6-4}$$

式中，p 为缝内流体压力，MPa；x 为裂缝长度，m；q 为泵注排量，m^3/min；μ 为压裂液黏度，mPa · s；w 为缝宽，即岩石变形方程中的法向位移，m。

缝内流体质量守恒方程为：

$$\frac{\partial q(x,\ t)}{\partial x} - q_L(x,\ t) = \frac{\partial A(x,\ t)}{\partial t} \tag{6-5}$$

式中，q_L为压裂液滤失速率，m^2/min；A 为裂缝横截面积，m^2。

压裂液滤失速率可用 Cater 滤失模型计算：

$$q_L(x,\ t) = \frac{2hC_L}{\sqrt{t - \tau(x)}} \tag{6-6}$$

式中，C_L为滤失系数，$m/min^{0.5}$；t 为总泵注时间，min；τ 为裂缝单元体开始滤失的时间，min。

6.1.3 裂缝扩展准则

根据最大周向应力准则，当水力裂缝满足扩展条件时，将向裂缝尖端周向应力最大的位置延伸。忽略高阶小量 o(r-1/2)，I、II 混合型裂缝尖端附近区域任意一点的应力场表达式为：

$$\begin{Bmatrix}\sigma_{xx}\\ \sigma_{yy}\\ \sigma_{xy}\end{Bmatrix} = \frac{K_{\mathrm{I}}}{\sqrt{2\pi r}}\begin{Bmatrix}\cos\frac{\theta}{2}(1 - \sin\frac{\theta}{2}\sin\frac{3\theta}{2})\\ \cos\frac{\theta}{2}(1 + \sin\frac{\theta}{2}\sin\frac{3\theta}{2})\\ \cos\frac{\theta}{2}\sin\frac{\theta}{2}\sin\frac{3\theta}{2}\end{Bmatrix} + \frac{K_{\mathrm{II}}}{\sqrt{2\pi r}}\begin{Bmatrix}\sin\frac{\theta}{2}(-2 - \cos\frac{\theta}{2}\cos\frac{3\theta}{2})\\ \sin\frac{\theta}{2}\cos\frac{\theta}{2}\cos\frac{3\theta}{2}\\ \cos\frac{\theta}{2}(1 - \sin\frac{\theta}{2}\sin\frac{3\theta}{2})\end{Bmatrix} \tag{6-7}$$

式中，σ_{xx}、σ_{yy}和 σ_{xy}为裂缝尖端的 3 个主应力，MPa；r、θ 为裂缝尖端任一

点极坐标系下的极半径和极角。

在极坐标下，裂缝尖端附近的应力分量可表示为：

$$\begin{cases}\sigma_r = \dfrac{1}{2\sqrt{2\pi r}}\left[K_{\mathrm{I}}(3-\cos\theta)\cos\dfrac{\theta}{2}+K_{\mathrm{II}}(3\cos\theta-1)\sin\dfrac{\theta}{2}\right]\\ \sigma_\theta = \dfrac{1}{2\sqrt{2\pi r}}\cos\dfrac{\theta}{2}\left[K_{\mathrm{I}}(1+\cos\theta)-3K_{\mathrm{II}}\sin\theta\right]\\ \tau_{r\theta} = \dfrac{1}{2\sqrt{2\pi r}}\cos\dfrac{\theta}{2}\left[K_{\mathrm{I}}\sin\theta+K_{\mathrm{II}}(3\cos\theta-1)\right]\end{cases} \tag{6-8}$$

式中，σ_r、σ_θ和$\tau_{r\theta}$分别代表径向应力、周向应力和剪切应力，MPa。

最大周向应力$\sigma_\theta\max$所对应的方向θ满足：

$$\frac{\partial\sigma_\theta}{\partial\theta}=0\,,\ \frac{\partial^2\sigma_\theta}{\partial\theta^2}<0 \tag{6-9}$$

把式(6-8)带入式(6-9)可得裂缝的延伸方向为：

$$\theta=\arctan\left(\frac{K_{\mathrm{I}}\pm\sqrt{K_{\mathrm{I}}^2+8K_{\mathrm{II}}^2}}{4K_{\mathrm{II}}}\right) \tag{6-10}$$

上述式(6-7)~式(6-10)式即为当前各类裂缝扩展模型确定裂缝扩展方向的主要方法。本节提出了一种新的裂缝偏转角度计算方法。该方法沿用最大周向应力准则的思想，采用式(6-7)在不计算应力强度因子的条件下，通过计算裂缝尖端附近区域任意一点的应力，再经过坐标变换，即可确定裂缝尖端附近的周向应力σ_θ：

$$\begin{cases}\sigma_r=\dfrac{\sigma_{xx}+\sigma_{yy}}{2}+\dfrac{\sigma_{xx}-\sigma_{yy}}{2}\cos2\theta+\sigma_{xy}\sin2\theta\\ \sigma_\theta=\dfrac{\sigma_{xx}+\sigma_{yy}}{2}-\dfrac{\sigma_{xx}-\sigma_{yy}}{2}\cos2\theta-\sigma_{xy}\sin2\theta\\ \tau_{r\theta}=\sigma_{xy}\cos2\theta-\dfrac{\sigma_{xx}-\sigma_{yy}}{2}\sin2\theta\end{cases} \tag{6-11}$$

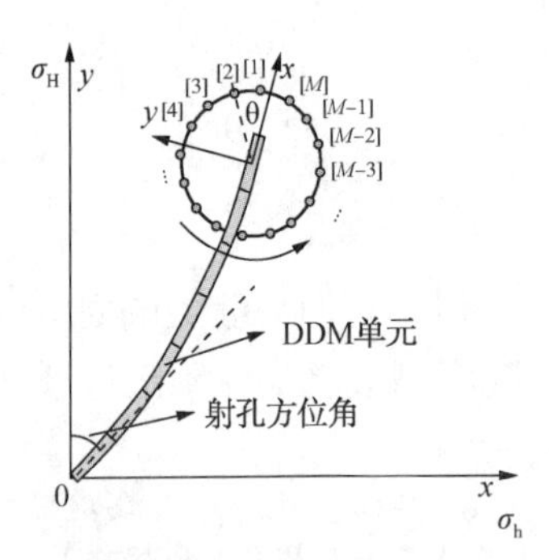

图 6.3 裂缝尖端最大周向应力数值搜索示意图

裂缝尖端任意半径的圆弧上只有一个周向应力的极大值，该极大值即为周向应力的最大值$\sigma_\theta\max$。将裂缝尖端任意半径的圆弧均分为M段，见图 6.3。经式(6-11)求得圆弧上每个分界点的周向应力，并从中寻找确定最大值$\sigma_\theta\max$，同时确定所对应的裂缝扩展角度θ。

6.1.4 模型求解方法

模型求解流程见图 6.4。首先输入岩石、流体等参数，构建裂缝初始网格，然后给各网格赋以缝内压力 P_i。利用式(6-1)、式(6-2)计算各裂缝网格法向和切向位移，同时根据式(6-4)计算得到新的缝内压力 P_{i+1}。如果二者之差小于收敛精度 δ(本书取0.001MPa)，根据质量守恒方程计算施工时间；否则重新计算 P_i(本书中 n 取0.2)。缝内压力收敛后通过SNSM方法计算裂缝扩展角度 θ，并在 θ 方向增加一个位移不连续单元，再重复上述计算过程直到压裂施工时间结束。

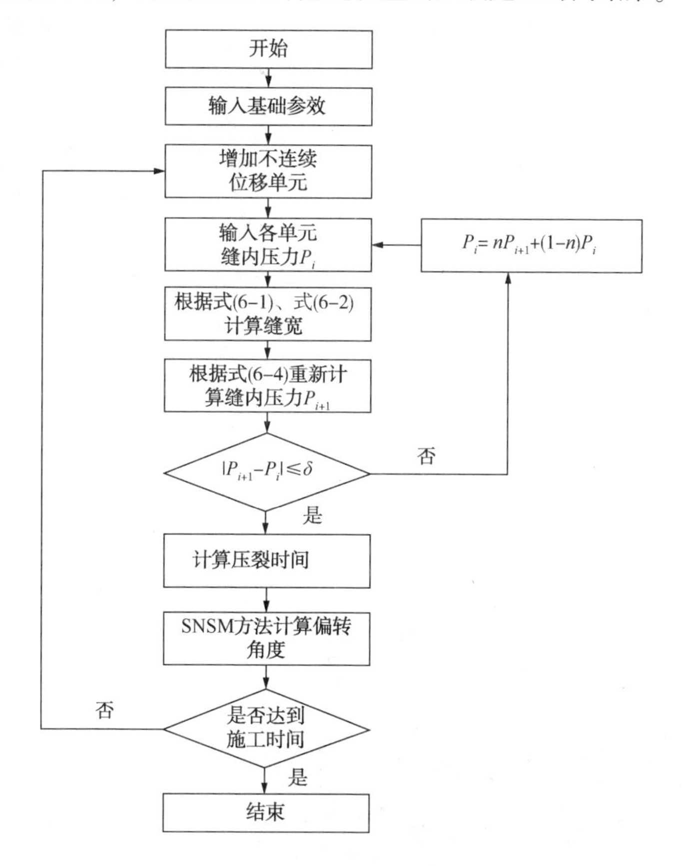

图6.4 模型求解程序流程图

6.2 裂缝扩展模型的验证

为验证本章所建新模型具有较好的准确性，分别采用实验(小尺度)和数值模拟(大尺度)两种方法对模型计算结果进行验证。实验验证所使用的基础参数见表6-1。分别采用Olson提出的应力强度因子法、扩展有限元法(XFEM)以及本书的SNSM法对裂缝扩展轨迹进行计算，将计算结果与室内实验结果对比(见图6.5)。可以看出，室内实验的岩石试样加载条件及自身均质程度并非绝对理想，因此实验产生的井筒两侧裂缝并非完全对称。由各种数值计算方法所展示的裂缝延伸细节，以及与实验结果的吻合程度存在明显差异。XFEM 方法和 SNSM 方法所得裂缝扩展轨迹变化规律与室内实验结果大致相同，裂缝起裂后形成了 1 条双翼对称裂缝，沿一定角度起裂后向最大水平主应力方向转向延伸。而 Olson 等提出的应力强度因子法，计算所得到的轨迹与实验结果差异较大，主要因为其模型没有考虑边界处双向应力的影响。采用本书方法计算的裂缝轨迹与实验结果匹配最好，且与 XFEM 模拟结果相比，更能真实反映实验得到的裂缝轨迹变化。

表 6-1　实验验证所用基础数据

参数	数值	参数	数值
模型尺寸长×宽×高(m×m×m)	0. 3×0. 3×0. 3	弹性模量 E/GPa	8. 402
泊松比 v	0. 23	最大水平主应力 σ_H/MPa	6
最小水平主应力 σ_h/MPa	1	裂缝预设角度/(°)	60
压裂液黏度 μ/mPa · s	73	压裂液排量 q/m^3 · min^{-1}	1. 26×10^{-7}

为了对比不同条件下裂缝扩展轨迹的变化情况，设置模型尺寸为 50m×50m，初始预制裂缝与水平方向夹角为 45°。采用表 6-2 中的计算参数，分别计算 XFEM 方法、基于 Olson 应力强度因子法和 SNSM 共 3 种方法下的裂缝扩展轨迹(见图 6. 6)。

图 6. 5　室内实验结果对比验证

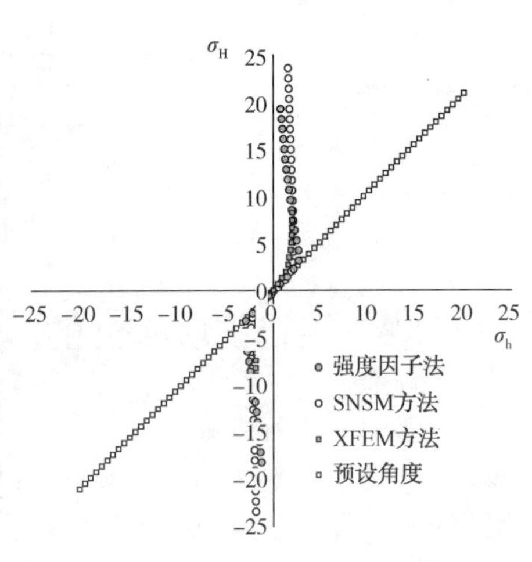

图 6. 6　数值模拟结果对比验证

表 6-2　数值模拟验证所用计算参数

参数	数值	参数	数值
泊松比 v	0.25	弹性模量 E/GPa	15
最小水平主应力 σ_h/MPa	6	最大水平主应力 σ_H/MPa	8
压裂液黏度 μ/mPa·s	1	压裂液排量 $q/m^3 \cdot min^{-1}$	1.2

与本章提出的 SNSM 法相比，通过 Olson 应力强度因子法计算的裂缝偏转角度更大，当裂缝长度达到 5m 时，SNSM 法所得的扩展角度为 87°，而基于 Olson 应力强度因子法所得的扩展角度达到了 103°，超过了 90°所对应的最大水平主应力方向，这很难与裂缝实际扩展情况相符。与 XFEM 方法的数值模拟结果对比也表明，本章在位移不连续法基础上所提出采用最大周向应力搜寻的裂缝扩展角度计算方法具有更好的准确性。

6.3　裂缝扩展影响因素分析

裂缝扩展轨迹受岩石、流体参数及施工情况等多种因素影响。设置地层参数见表 6-3，预制射孔方位与最大水平主应力成 45°，计算分析地层水平主应力差、射孔方位、压裂液黏度和岩石物性等参数对裂缝扩展轨迹、裂缝宽度及缝内压力的影响。

表 6-3　模型影响因素分析所用计算参数

参数	数值	参数	数值
泊松比 v	0.32	弹性模量 E/GPa	22
最小水平主应力 σ_h/MPa	10	最大水平主应力 σ_H/MPa	12
压裂液黏度 μ/mPa·s	9	压裂液排量 $q/m^3 \cdot min^{-1}$	15
裂缝缝高 h/m	30		

6.3.1　水平主应力差对裂缝扩展的影响

将水平主应力差 $\Delta\sigma$ 设置为 0MPa、0.1MPa、0.3MPa、0.5MPa 和 0.7MPa，计算不同水平主应力差下的裂缝扩展情况。当水平主应力差为 0MPa 时，两向地应力相同，裂缝扩展角度并未发生变化。当水平主应力差由 0.1MPa 提高至 0.7MPa 时，裂缝向最大水平主应力方向偏转且偏转角度由 62.11°增加至 88.12°（见图 6.7a），相同应力差增幅下，裂缝偏转增幅逐渐减小，裂缝转向越来越困难，此规律与现有室内实验及数值模拟结果一致。另外，随着水平主应力差逐渐增大，裂缝宽度不断减小(见图 6.7b)，缝口处缝内压力逐渐增大(见图 6.7c)，不利于支撑剂在裂缝内的输送和铺置，在一定程度上增加了压裂施工难度。

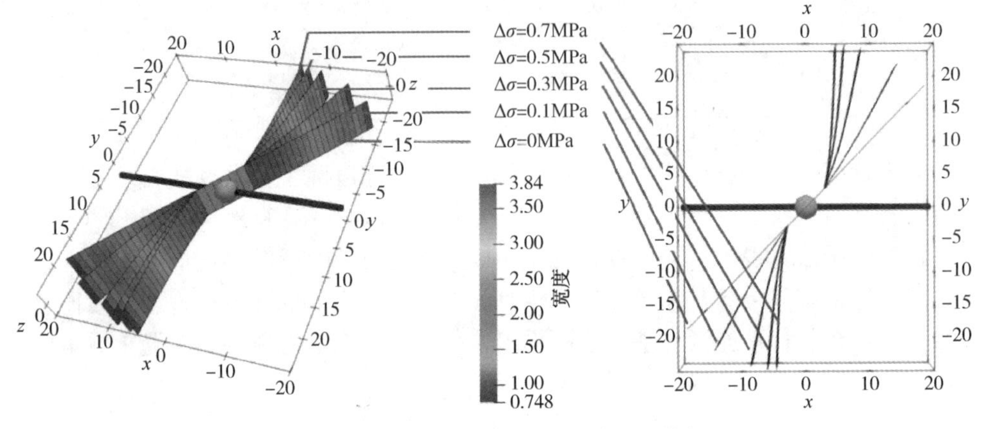

a.水平主应力差对裂缝扩展轨迹的影响

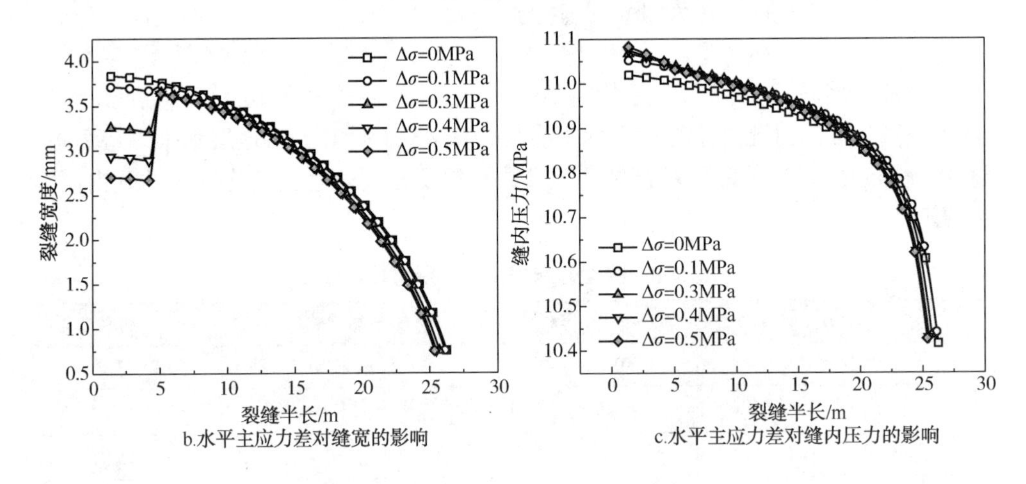

b.水平主应力差对缝宽的影响

c.水平主应力差对缝内压力的影响

图 6.7　水平主应力差对裂缝扩展的影响

6.3.2　射孔方位角对裂缝扩展的影响

分别将射孔方位角设定为 15°、30°、45°、60°和 75°，计算相应裂缝扩展情况(见图 6.8)。随着射孔方位角增大(越接近最小水平主应力方向)，裂缝偏转幅度逐渐增大。射孔方位角为 15°时，裂缝偏转幅度为 12.12°，当裂缝射孔方位角增至 75°时，偏转幅度增加近 5 倍。同时在这一过程中，所形成裂缝宽度逐渐减小，缝内流体压力升高。在地应力一定的情况下，不同射孔角度会影响裂缝尖端剪应力与拉应力的分布，选择较小的射孔方位角有利于增强水力压裂的效果。

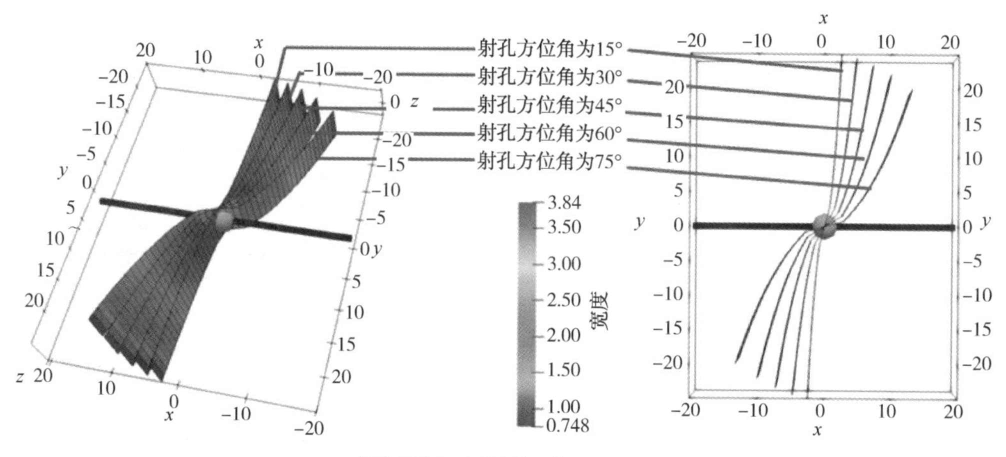

a.射孔方位角对裂缝扩展轨迹的影响

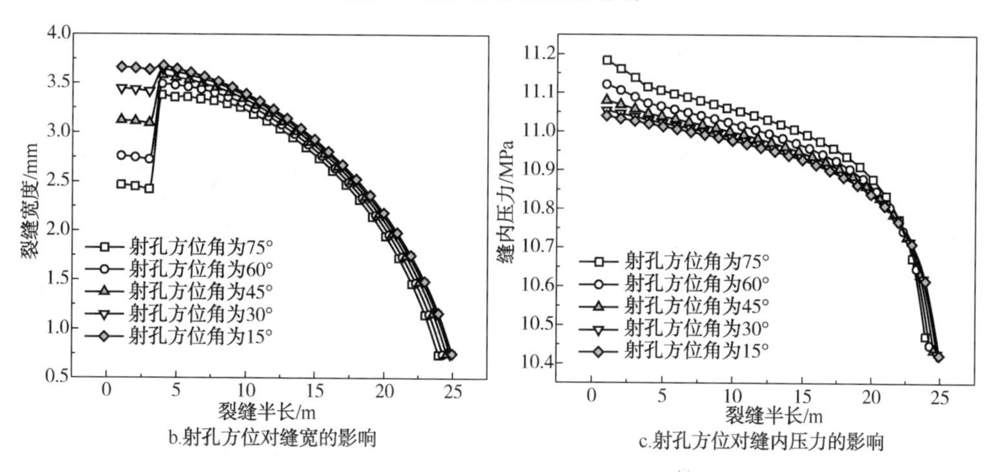

b.射孔方位对缝宽的影响

c.射孔方位对缝内压力的影响

图 6.8 射孔方位对裂缝扩展的影响

6.3.3 压裂液黏度对裂缝扩展的影响

改变压裂液黏度，分别为3mPa·s、5mPa·s、7mPa·s和9mPa·s，研究压裂液黏度对裂缝扩展的影响，结果见图6.9。由图6.9a可以看出，压裂液黏度越大，裂缝偏转程度越小，与水平主应力差和射孔方位的影响相比，压裂液黏度对裂缝扩展轨迹的影响有限，但对裂缝宽度及缝内压力的影响显著。当压裂液黏度为由3mPa·s增至9mPa·s时，裂缝最大缝宽分别为4.74mm、5.41mm、5.89mm和6.28mm，说明压裂施工中适当的增加压裂液黏度可以改善压裂效果。

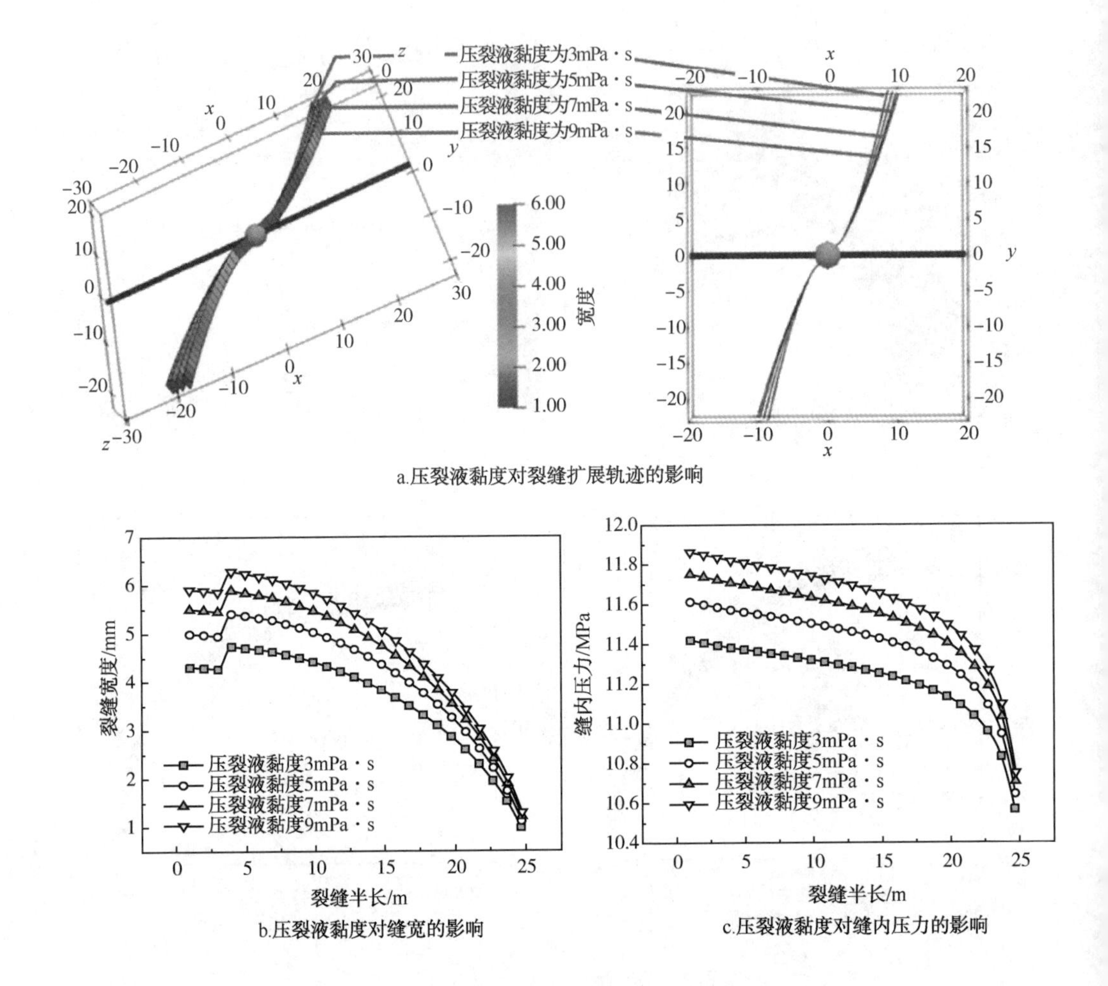

图 6.9　压裂液黏度对裂缝扩展的影响

6.3.4　岩石泊松比对裂缝扩展的影响

岩石泊松比为 0.1、0.2、0.3 和 0.4 时的裂缝扩展情况见图 6.10。随着岩石泊松比增大，裂缝转向角度及裂缝宽度减小，缝内压力上升，但变化幅度有限，泊松比数值每增加 0.1，各项参数变化幅度均不超过 5%。总体来看增大岩石泊松比不利于裂缝的生成，以往研究也表明，低泊松比的区域正是裂缝萌生的区域，随着泊松比的增大，裂缝的扩展受到抑制作用，裂缝破裂压力随着泊松比的增加而增大，与本书结果一致。

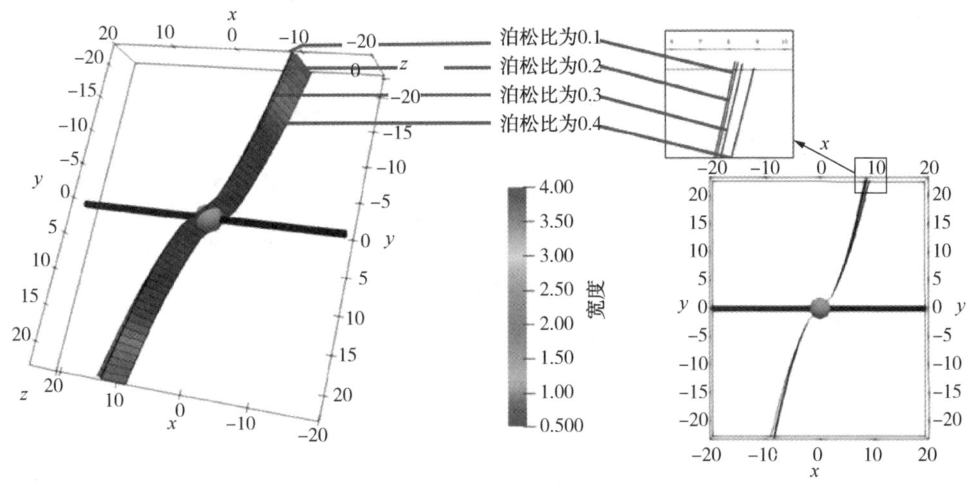

a.岩石泊松比对裂缝扩展轨迹的影响

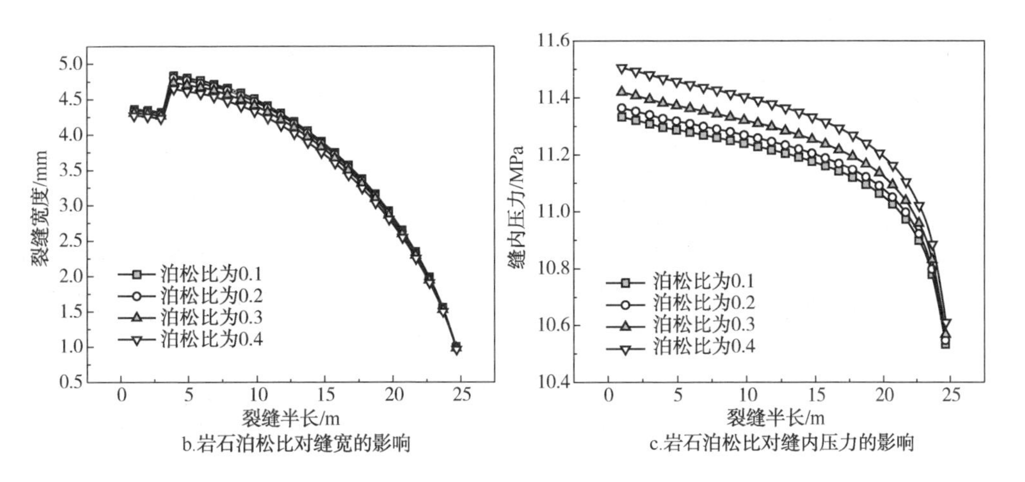

b.岩石泊松比对缝宽的影响

c.岩石泊松比对缝内压力的影响

图 6.10　岩石泊松比对裂缝扩展的影响

6.3.5　岩石弹性模量对裂缝扩展的影响

假设岩石的弹性模量分别为 6GPa、14GPa、22GPa、30GPa 和 38GPa，计算和分析岩石弹性模量对裂缝扩展的影响，结果见图 6.11。区别于岩石泊松比，岩石弹性模量对裂缝扩展影响更为显著。当岩石弹性模量为 6GPa 时，裂缝向最大主应力方向偏转最明显，最大裂缝缝宽达 6.33mm，所需施工压力处于较低水平；当岩石弹性模量为 38GPa 时，最大缝宽下降近 30%，缝内压力提升了 1.7MPa，说明岩石弹性模量增大会抑制裂缝生长。

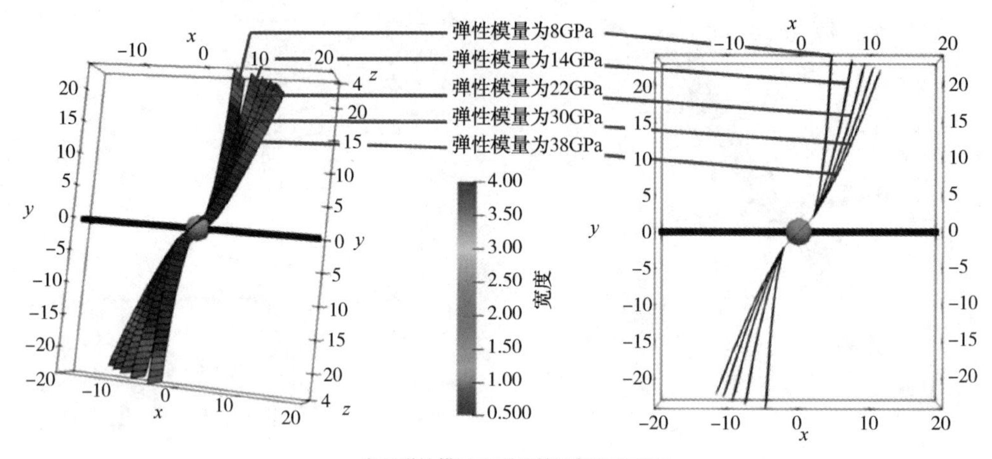

a.岩石弹性模量对裂缝扩展轨迹的影响

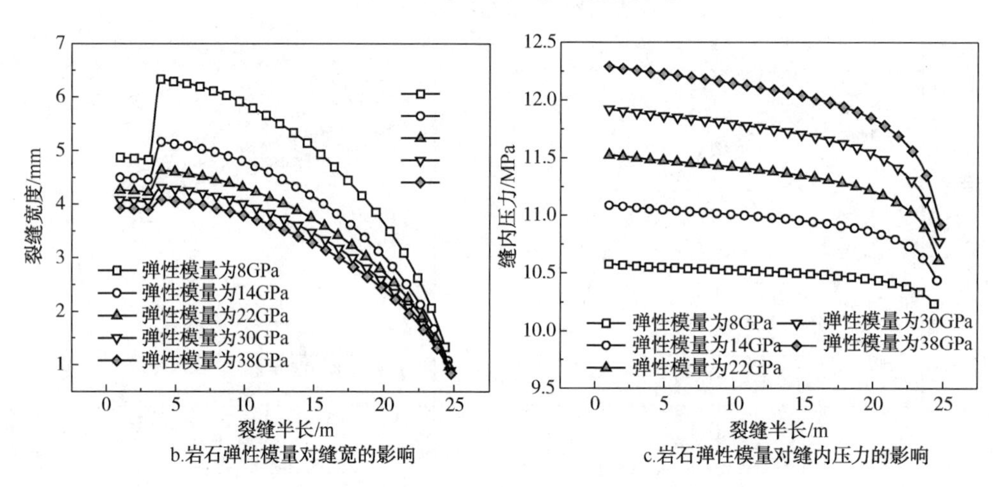

b.岩石弹性模量对缝宽的影响　c.岩石弹性模量对缝内压力的影响

图 6.11　岩石弹性模量对裂缝扩展的影响

6.4　煤层割理对裂缝扩展的影响

煤储层水力压裂形成复杂裂缝网络，其中最重要的原因在于以割理为代表的地质不连续面对水力裂缝扩展的影响。若水力裂缝未穿过割理，而是转向沿着割理面扩展，势必增加水力裂缝网络的复杂程度。若水力裂缝直接穿过割理，则会形成结构简单的水力裂缝形态。本节基于断裂力学理论，对水力裂缝和煤层割理的交互延伸行为进行力学分析，结合前述改进的位移不连续法，探究煤层割理对水力裂缝扩展轨迹的影响规律。

当水力裂缝与割理相遇时，受力情况依据本书 5.1 节模型进行判别。在本节研究中，水平井筒置于最小水平主应力方向，割理布置在井筒两侧，射孔方向垂直于最小水平主应力，以便于在水力裂缝起裂后可以向井筒两侧割理扩展(见图 6.12)，计算参数见表 6-4。

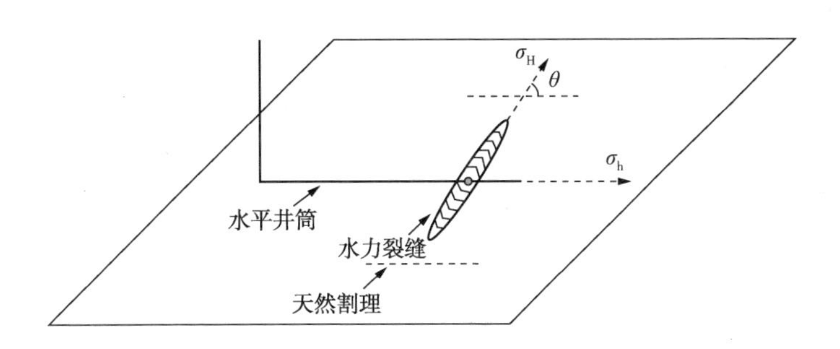

图 6.12 煤层割理布置示意图

表 6-4 数值模拟所需计算参数

序号	参数	符号	单位	数值
1	最大水平主应力	σ_H	MPa	20
2	水平最小主应力	σ_h	MPa	18
3	煤层弹性模量	E	MPa	3281
4	泊松比	υ	—	0.352
5	压裂液黏度	μ	mPa·s	1
6	滤失系数	C_L	$m/min^{0.5}$	0.0001
7	抗拉强度	T_0	MPa	0.5
8	内聚力	S_0	MPa	0
9	摩擦系数	μ_f	—	0.4
10	排量	q	m^3/min	3

6.4.1 割理与水力裂缝夹角对裂缝扩展的影响

煤岩割理可分布于储层任意方向，设置割理与最大水平主应力的夹角 θ 分别为 15°、45°和 75°(见图 6.13)，分析割理角度对裂缝扩展的影响。图 6.14 为水力裂缝与割理不同夹角下裂缝扩展轨迹对比，可以看到未遇割理之前水力裂缝沿最大水平主应力方向扩展，遇割理后水力裂缝出现不同程度的偏转。对比 3 种角度下裂缝扩展轨迹可以看出，水力裂缝与割理夹角越大，在割理端点处水力裂缝偏转越明显。对比了水力裂缝与割理不同夹角下裂缝宽度，水力裂缝进入割理后裂缝宽度有下降趋势，夹角越大，缝宽下降越明显，而射孔处和接近裂缝尖端处的缝宽大致相同(见图 6.15)。绘制了压裂过程中缝内净压力随时间的变化曲线，结果表明裂缝进入割理后存在明显升压现象，水力裂缝与割理夹角越大，泵送压力升高越多(见图 6.16)。

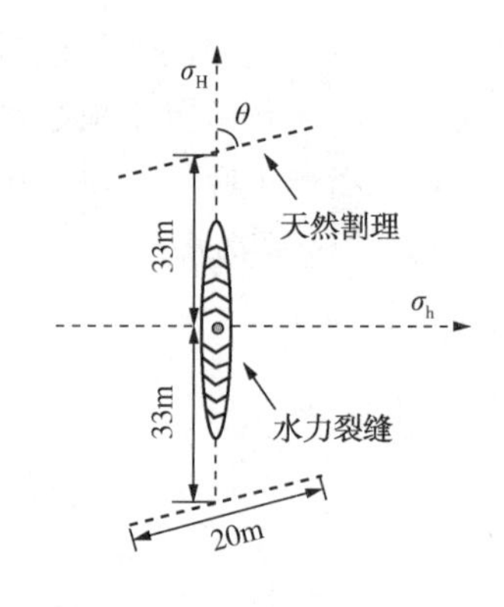

图 6.13　不同夹角下水力裂缝接近割理示意图

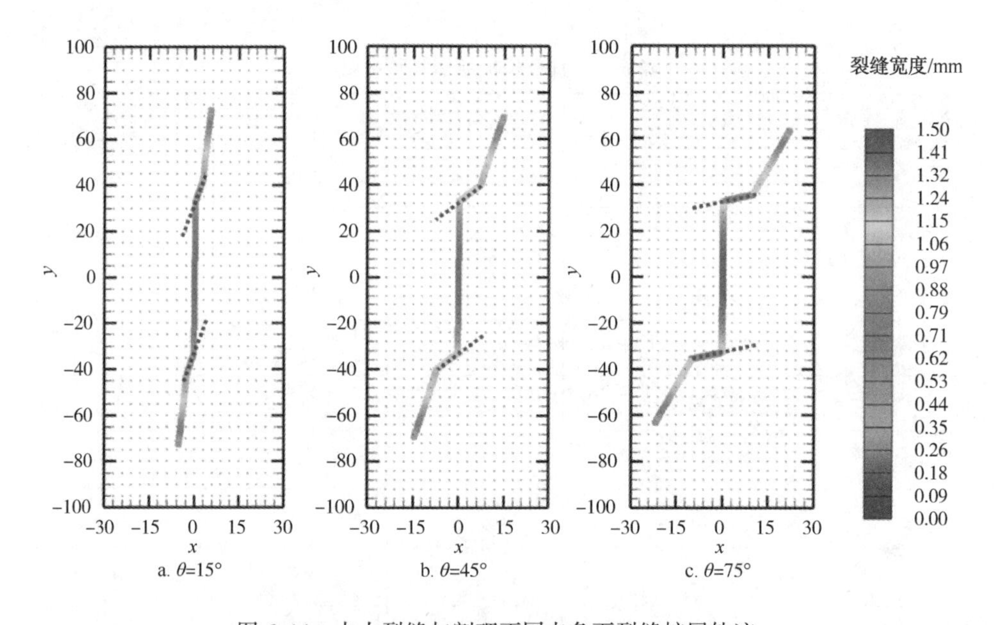

图 6.14　水力裂缝与割理不同夹角下裂缝扩展轨迹

6.4.2　割理长度对裂缝扩展影响

水力裂缝沿割理扩展，达到割理尖端后，水力裂缝将继续偏转回最大水平主应力方向，定义割理尖端水力裂缝与割理的夹角为偏转角(见图 6.17)。图 6.18 为不同割理长度下裂缝扩展长度结果，可以看到割理越长，水力裂缝的偏转角越小。绘制割理长度与偏转角度关系曲线(见图 6.19)，割理长度与偏转角度呈负

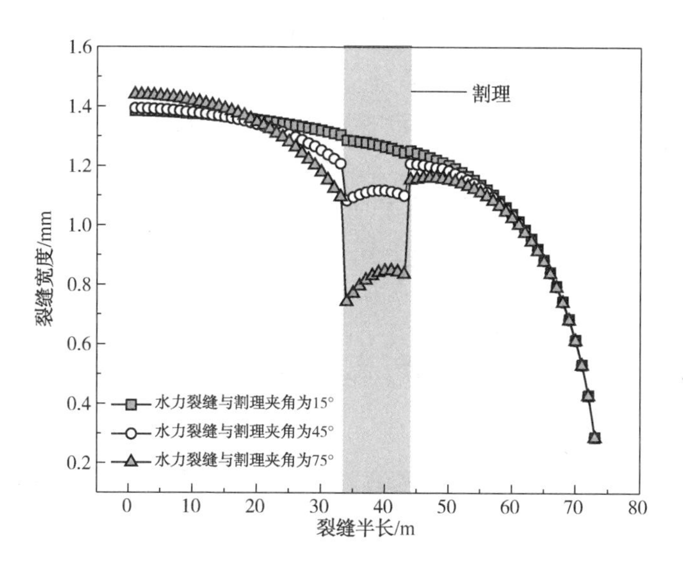

图 6.15　水力裂缝与割理不同夹角下裂缝宽度

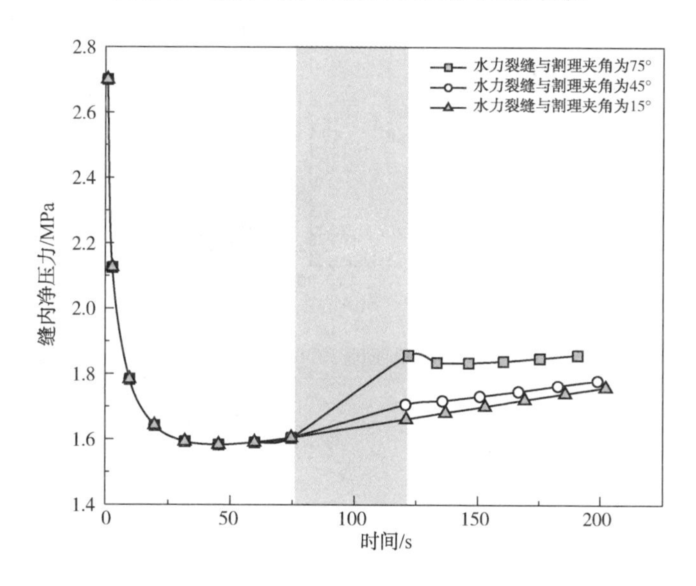

图 6.16　水力裂缝与割理不同夹角下缝内净压力

对数关系，随着割理长度增加，偏转角度变化幅度逐渐减小，这主要是水力裂缝的应力阴影效应在远处已逐渐消失。

6.4.3　存在割理时水平应力差对裂缝扩展影响

设置水力裂缝与割理的夹角为 45°，分别模拟了水平应力差为 0MPa、

0.5MPa 和 1MPa 时裂缝扩展形态(见图 6.20)。当水平应力差为 0MPa 时，受水平段裂缝应力阴影的影响，达到割理尖端后出现偏转，并没有沿割理方向继续扩展，随着水平应力差逐渐增加，裂缝向最大水平主应力方向偏转趋势逐渐明显。水平应力差为 1MPa 时，水力裂缝偏转角度为 43°，已基本接近最大水平主应力方向。图 6.21 为不同水平应力差下裂缝宽度对比，水平应力差越大，割理段缝宽下降越明显，说明较大水平主应力差条件下煤层压裂存在支撑剂堆积阻塞裂缝的风险。

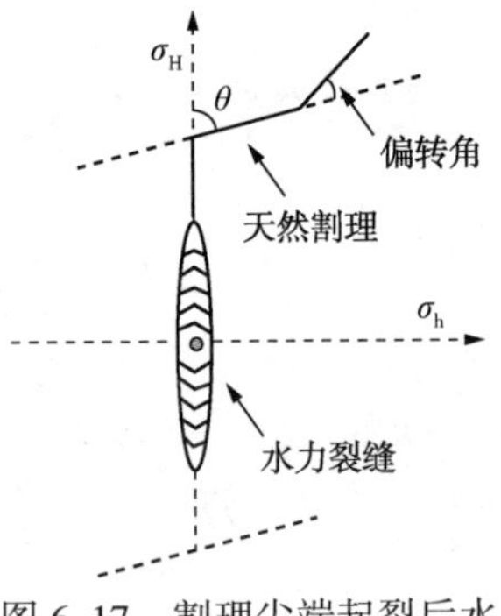

图 6.17 割理尖端起裂后水力裂缝扩展示意图

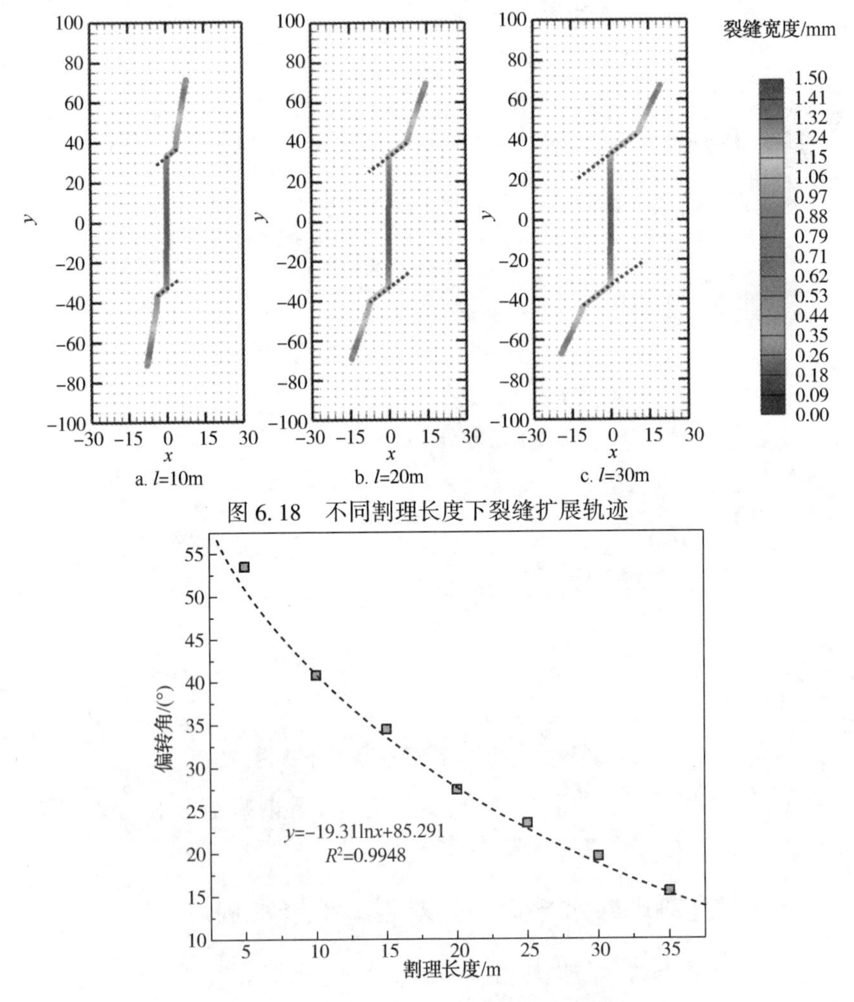

图 6.18 不同割理长度下裂缝扩展轨迹

图 6.19 割理长度与水力裂缝偏转角度关系

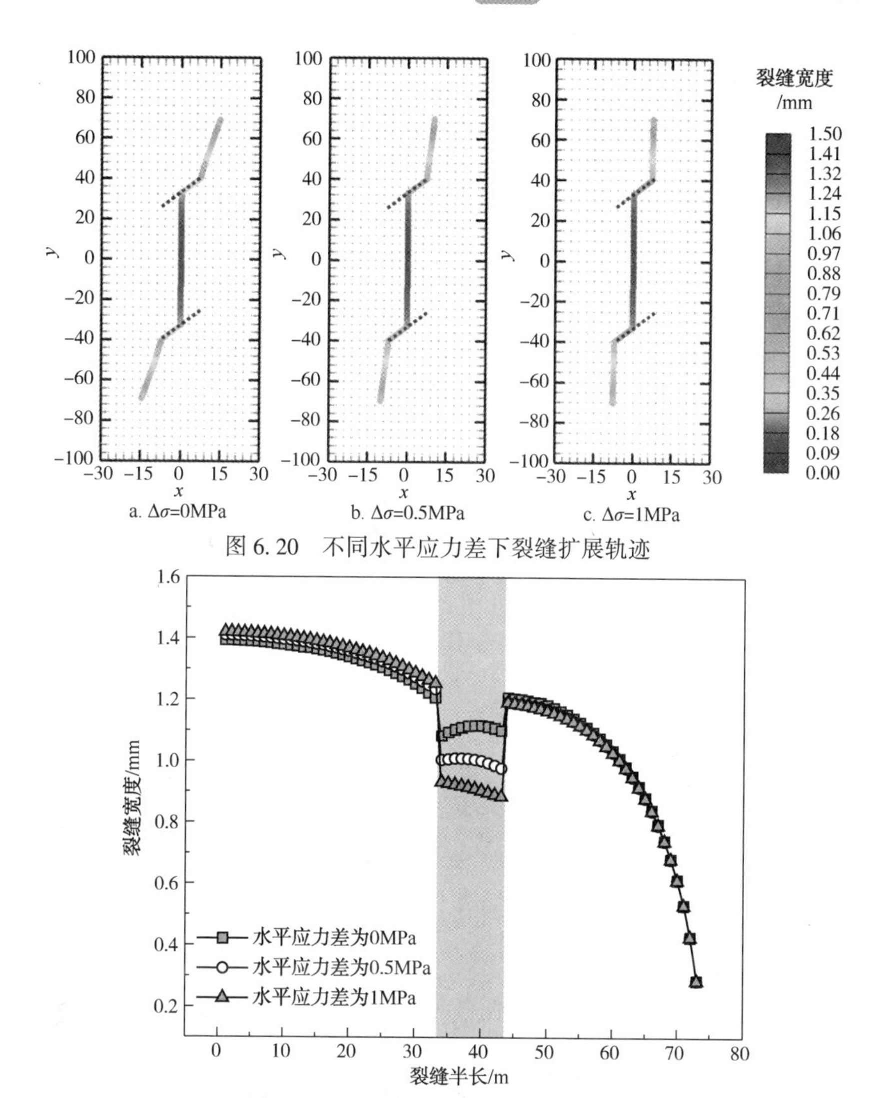

图 6.20　不同水平应力差下裂缝扩展轨迹

图 6.21　不同水平应力差下裂缝宽度

6.5　煤层交错网状割理对裂缝扩展的影响

煤层中富有大量相互正交的端割理和面割理，使压裂过程中水力裂缝扩展规律更加复杂。为研究水力裂缝在煤层交错网状割理中的扩展情况，建立煤层割理网络模型(见图 6.22)，模型中端割理与面割理垂直且均匀分布于面割理之上，模型中割理的总数量 N_t 满足式(6-12)：

$$N_t = \frac{h \cdot L\cos\theta_f(1+n)}{2} \tag{6-12}$$

式中，h 为割理密度系数，无量纲；L 为割理网络模型边长，m；n 为端割理密度系数，无量纲；θ_f为面割理与 x 轴夹角，(°)。

图 6.22 所示模型尺寸为 60m×60m，割理密度系数为 1，端割理密度系数为 5，面割理与 x 轴夹角为 45°，此时模型中共 135 条割理。设置割理模型中 y 轴方向为最大水平主应力方向，x 轴方向为最小水平主应力方向，压裂液注入点为模型中心，通过改变割理角度及水平主应力差来研究不同条件下水力裂缝在煤层交错网状割理中的扩展规律。

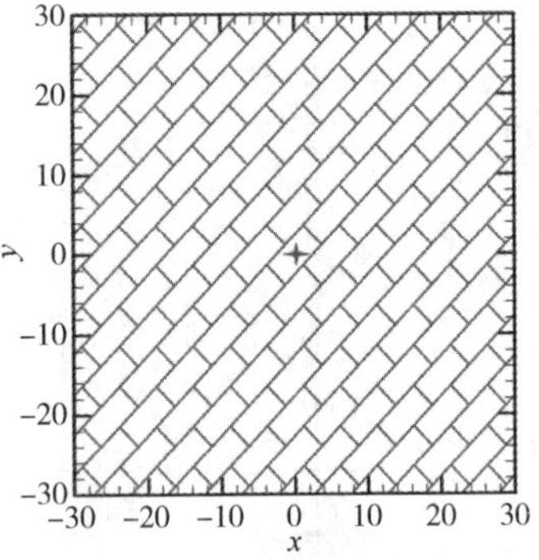

图 6.22　割理密度为 1 时煤层割理网络

6.5.1　水平应力差对交错网状割理中裂缝扩展的影响

为研究水平应力差对割理网络中裂缝扩展的影响，将煤层水平主应力差($\Delta\sigma$)设置为 2MPa、4MPa、6MPa、8MPa 绘制不同应力差下水力裂缝在煤层割理网络中的扩展轨迹(见图 6.23)。当水平应力差为 2MPa 时，由于满足割理剪切

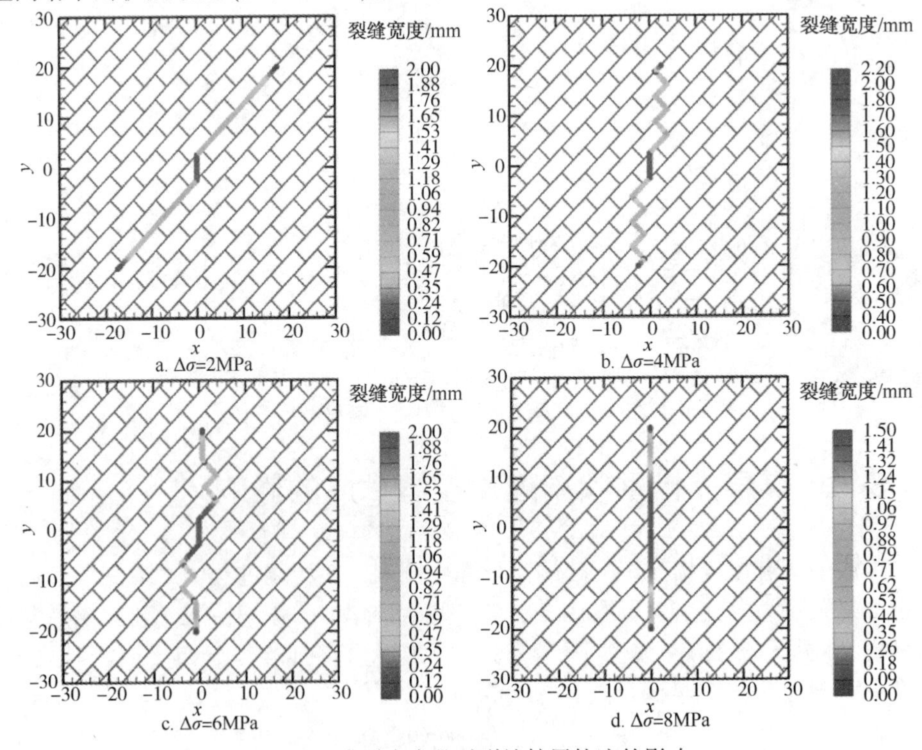

图 6.23　水平应力差对裂缝扩展轨迹的影响

破坏的缝内净压力较小，且面割理开启应力低于端割理开启应力，水力裂缝与面割理相遇后即被捕获并一直沿面割理扩展。当水平应力差为4MPa时，开启端割理所需缝内净压力低于面割理，此时水力裂缝扩展至两种割理交点时优先沿端割理方向扩展。随着水平主应力差不断增加，作用于割理上的正应力和剪应力不断提高，割理开启难度逐渐增大，当水平主应力差提高至8MPa时，缝内净压力无法满足割理开启条件，此时水力裂缝沿最大水平主应力方向直线扩展。

6.5.2 割理角度对交错网状割理中裂缝扩展的影响

分别将面割理与最小水平主应力夹角(θ)设定为15°、45°和75°，计算水力裂缝在煤层割理网络中的扩展情况(见图6.24)。面割理与最小水平主应力夹角为15°时，达到面割理拉张及剪切破坏的临界缝内净压力分别为3.73MPa和3.48MPa，端割理发生拉张及剪切破坏的临界缝内净压力仅为0.26MPa和

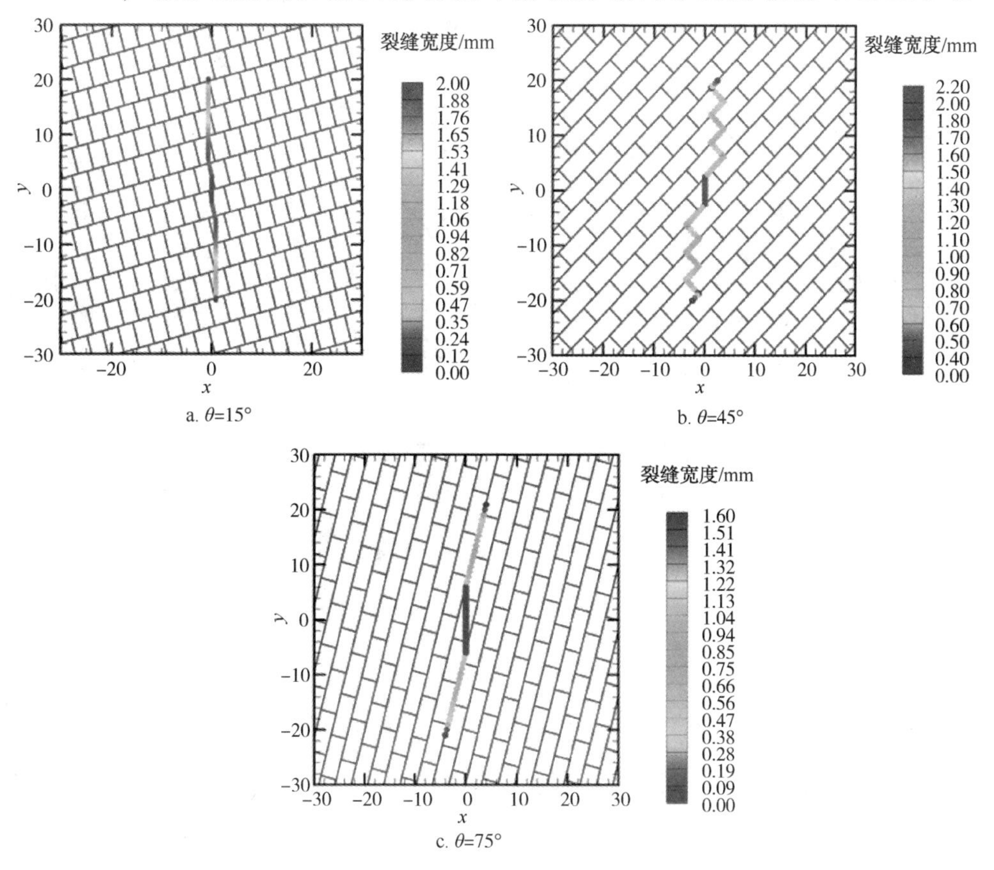

图6.24 割理角度对裂缝扩展轨迹的影响

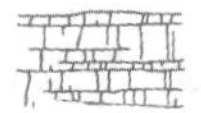

0.42MPa，水力裂缝在注入点起裂后遇第一条面割理时的缝内净压力仅为1.68MPa，此时水力裂缝扩展至端割理端点后无法开启面割理，而是沿最大水平主应力方向继续扩展。面割理与最小水平主应力夹角为45°时，端割理及面割理均易于发生剪切破坏，且满足端割理开启的缝内净压力水平更低，仅为0.06MPa，此时水力裂缝在煤层割理网络中的形态近似于“锯齿”形。当面割理与最小水平主应力夹角进一步增加至45°时，缝内净压力至少在3.73MPa时才能使端割理开启，此时水力裂缝一直沿开启难度更低的面割理扩展，裂缝形态更接近于“S”形。所以随着 θ 角的增大，水力裂缝被端割理捕获的难度逐渐提升，煤层面割理开启的可能性逐渐增大。

6.5.3 内摩擦系数对交错网状割理中裂缝扩展的影响

不同内摩擦系数(μ_f)下水力裂缝在煤层割理网络中的扩展形态见图6.25。在

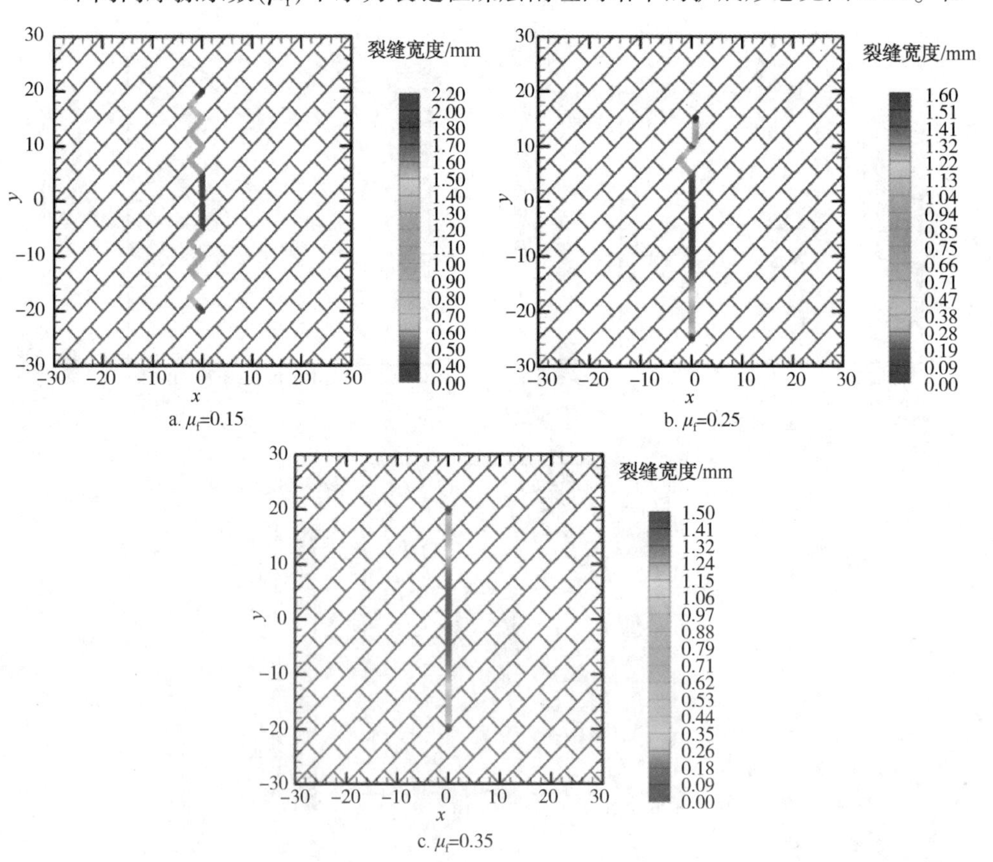

图6.25 内摩擦系数对裂缝扩展轨迹的影响

相同水平应力差及割理角度情况下，内摩擦系数越大，水力裂缝越容易穿过煤层中的割理网络沿最大水平主应力方向扩展。提高割理壁面内摩擦系数，壁面内摩擦力相应增大，割理壁面发生剪切滑移所需的缝内净压力提高，增加了割理开启的难度。从图 6.25b 中可以看到，内摩擦系数为 0.25 时，y 轴负半轴的水力裂缝长度大于 y 轴正半轴的裂缝长度，这是由于内摩擦系数为 0.25 时面割理开启难度更高，水力裂缝优先沿岩石基质及端割理扩展，而在 y 轴负半轴范围内水力裂缝扩展路径上没有被割理捕获，该部分裂缝获得了更多的流量得以更充分扩展。

6.5.4 黏聚力对交错网状割理中裂缝扩展的影响

设置端割理黏聚力($\tau_{0,2}$)为 1.5MPa，面割理黏聚力($\tau_{0,1}$)分别为 1.4MPa、1.7MPa 和 2.0MPa，研究黏聚力对割理网络中裂缝扩展的影响(见图 6.26)。当面割理黏聚力为 1.4MPa 时，使面割理和端割理发生剪切破坏的临界缝内净压力

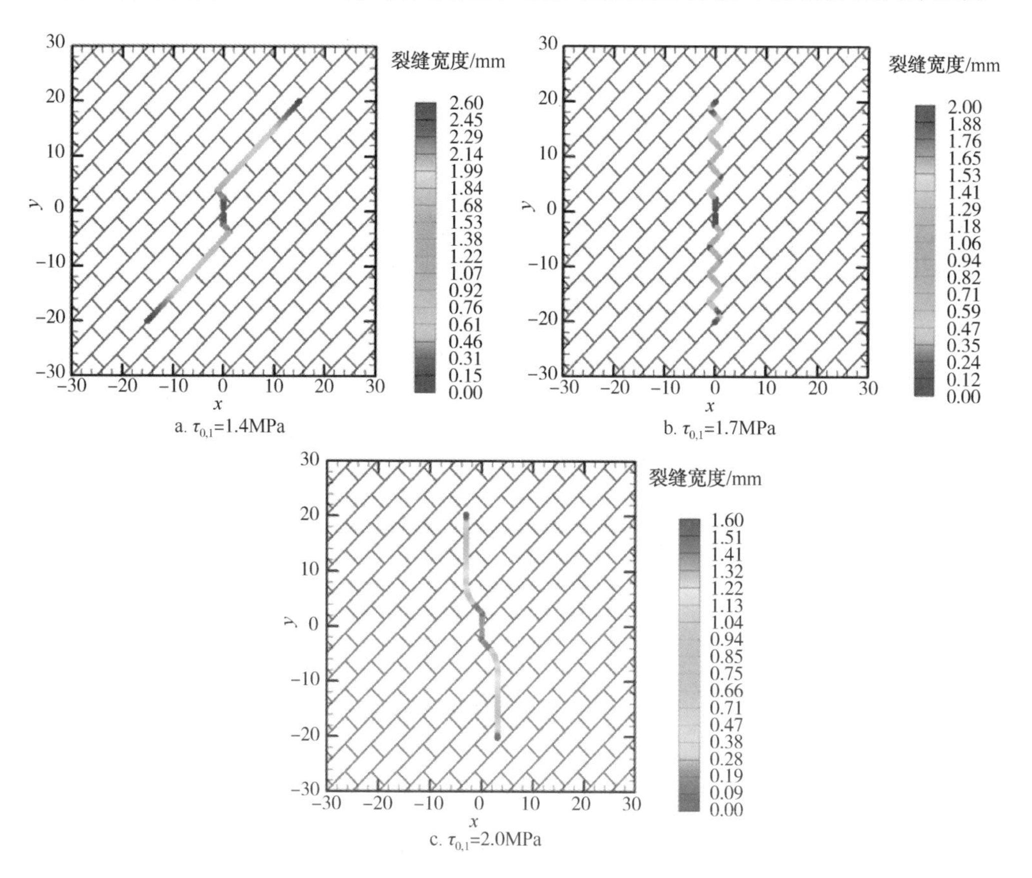

图 6.26 黏聚力对裂缝扩展轨迹的影响

分别为0.66MPa和0.88MPa，水力裂缝在模型中心起裂后首先被端割理捕获，达到面割理和端割理交点后优先沿面割理扩展。当面割理黏聚力为1.7MPa时，水力裂缝的流体压力仍满足割理破坏条件，且面割理开启难度大于端割理，此时水力裂缝扩展至面割理和端割理交点后优先沿端割理扩展。当面割理黏聚力进一步提升至2.0MPa时，水力裂缝提供的剪应力无法激活面割理，水力裂缝扩展至端割理端点后直接进入岩石基质，沿最大水平主应力方向直线扩展。高黏聚力下，割理不容易发生剪切滑移，使得水力裂缝越容易直接穿过割理网络扩展，不利于形成复杂裂缝网络。

结　语

煤层气作为一种重要的非常规油气资源，其开发和开采对于能源和经济发展的作用越来越突出。针对煤层气的高效开采技术研究，有无数的科研难题等待人们去攻克。笔者在煤层气的水力压裂机理研究方面取得了一些进步，未来仍需深入探索努力取得机理上的创新，为煤层气的高效开采提供技术保障。

从实践情况来看，今后对于煤层气开采的水力压裂技术创新，应从岩石的基础力学特性、岩石破裂的微观机理、裂缝扩展的多场耦合以及多学科的交叉融合等方向综合探索。特别是当前大数据和人工智能技术在各行业应用不断取得突破的情况下，未来应将数据和算法驱动的智能技术逐步融合，实现煤层气压裂开采技术的创新发展和应用。

认真求实，科学严谨，勇于创新，才能在煤层气水力压裂机理研究中不断实现突破。安全发展、健康发展和环保发展的科学发展之路，永远需要科研人的埋头苦干！

附　　录

书中符号的说明

B_i：脆性指数

ε_t：总应变

ε_{ap}：峰后应变

ε_f^p：摩擦强度释放后塑性应变

ε_{ir}：不可逆轴向应变

ε_r：残余应变

ε_n：峰值应变的最小值

σ_c：抗压强度

τ_p：峰值剪切强度

E：弹性模量

E_{max}：弹性模量最大值

ν：泊松比

ν_{min}：泊松比最小值

E_n：归一化动态弹性模量

λ：Lame's 第一参数

φ：内摩擦角

U_{peak}：峰值应力前的应变能

U_{post}：峰后能量

D：屈服模量

H_m：宏观硬度

K：体积模量

W_q：石英的重量

W_c：碳酸盐矿物的重量

$P(F)$：岩石微元强度分布函数

ε_{re}：破坏点的可逆应变

ε_e：弹性应变

ε_{tp}：总不可逆峰后应变

ε_c^p：黏聚强度达到残余值的塑性应变

ε_p：峰值应变

ε_m：峰值应变的最大值

α_1、β_1、η_1：标准系数

T_0：抗拉强度

τ_r：残余剪切强度

N：岩石材料的总微元数目

E_{min}：弹性模量最小值

ν_{max}：泊松比最大值

ρ：岩石密度

ν_n：归一化动态泊松比

μ_s：剪切模量

U_e：弹性能量

U_{total}：总断裂能量

M：峰后模量

H_y：硬化模量

H：微观硬度

K_{IC}：断裂韧性

W_t：矿物的总重量

W_d：白云石矿物的重量

F：微元强度随机分布的分布变量

m、F_0：分布参数
ε：岩石材料的应变量
W_s：峰前总能量
σ_H：最大水平主应力
p_w：井眼内流体压力
σ_r：井眼周围径向应力
σ_z：井眼周围垂向应力
σ_v：上覆岩层应力
r_w：井眼半径
p_p：煤层初始孔隙压力
α：Biot 系数
σ_{pr}：射孔孔眼周围的径向应力
σ_{pz}：射孔孔眼周围的垂向应力
r_p：射孔孔眼半径
σ_{mn}：作用于面割理上的正应力
τ_{m0}：面割理内煤黏聚力
p_{bz}：煤本体起裂时裂缝起裂压力
p_f：裂缝壁面处的压力
σ_n：作用于裂缝壁面的法向应力
τ_0：面割理内煤岩的黏聚力
μ：压裂液黏度
q_L：压裂液滤失速率
C_L：滤失系数
τ：裂缝单元体开始滤失的时间
$2a$：裂缝高度
S_0：内聚力
h：割理密度系数
n：端割理密度系数
E_θ：沿 θ 方向的弹性模量
λ_L：同一直线上端割理的连通率
k_{s1}：剪切刚度
β_f：面割理与水平方向夹角
k_{n2}：面割理法向刚度
u、c：各向异性状态参数
$P(\varepsilon)$：岩石微元强度分布函数
D：岩石微观损伤变量
W_r：峰后总能量
σ_h：水平最小主应力
B：面割理与端割理的夹角
σ_θ：井眼周围周向应力
$\tau_{r\theta}$、$\tau_{\theta z}$、τ_{rz}、$\tau_{pr\beta}$、τ_{prz}、$\tau_{pz\beta}$：剪切应力
r：井眼周围任意一点极坐标半径
P：缝内流体压力
σ_t：井壁处煤抗张强度
ϕ：煤层孔隙度
$\sigma_{p\beta}$：射孔孔眼周围的周向应力
x：裂缝长度
L_p：距离射孔孔眼轴线的距离
p_{dz}：沿端割理起裂的起裂压力
μ_m：面割理的内摩擦系数
p_{mz}：沿面割理起裂时起裂压力
p_{net}：裂缝内流体净压力
τ_s：作用于裂缝壁面的剪应力
μ_f：内摩擦系数
w：缝宽
A：裂缝横截面积
t：总泵注时间
q：压裂液排量
e：塑性区尺寸
N_t：割理总数
L：理网络模型边长
θ_f：割理与 X 轴夹角
E_s：基质的弹性模量
k_{n1}：法向刚度
S_1：平行割理间距
S_2：平行面理间距
k_{s2}：面割理剪切刚度
τ_β：层理面剪应力

$\sigma_{\beta\gamma}$：层理面正应力　　S_t：层理面抗拉强度

G^{ij}：三维缝高修正因子　　σ_1：水力裂缝尖端最大主应力

p_{netmz}：面割理发生张性断裂时裂缝内最小净压力

$p_{\text{netm}\tau}$：面割理发生剪切破坏时裂缝内最小净压力

p_{netm}：面割理开启时裂缝内最小净压力

p_{netdz}：端割理发生张性断裂时裂缝内最小净压力

$p_{\text{netd}\tau}$：端割理发生剪切破坏时裂缝内最小净压力

p_{netd}：端割理开启时裂缝内最小净压力

$\sigma_{\text{n}}{}^{i}$：任意单元 i 的法向应力

$\sigma_{\text{s}}{}^{i}$：任意单元 i 的切向应力

$D_{\text{n}}{}^{i}$：计算域内单元 j 的法向位移

$D_{\text{s}}{}^{i}$：计算域内单元 j 的切向位移

$C_{\text{ns}}{}^{ij}$、$C_{\text{nn}}{}^{ij}C_{\text{ss}}{}^{ij}$和 $C_{\text{sn}}{}^{ij}$：计算域内单元 i，j 构成的刚度矩阵

σ_{xx}、σ_{yy}、σ_{xy}：裂缝尖端的 3 个主应力

α_{θ}：水平层理与垂向应力的夹角

β_{θ}：水平层理面极坐标系与垂直裂缝直角坐标系的夹角

l_{f}：水平裂缝缝长 P_{r}：裂缝延伸压力

$K_{\text{ac(AC)}}$：从屈服点到剩残余强度起点直线的斜率

n_{b}：一定程度应变荷载下已破坏的微元数目

θ：径向上最大水平主应力方向逆时针旋转的极角

β：孔眼径向上井眼周向应力逆时针旋转的极角

p_{lf}：煤层裸眼完井水力压裂起裂压力

p_{bf}：裸眼完井水力裂缝从煤本体起裂的起裂压力

p_{mzf}：裸眼完井水力裂缝从面割理发生张性破坏起裂压力

p_{mjf}：裸眼完井水力裂缝从面割理发生剪切破坏起裂压力

p_{dzf}：裸眼完井水力压裂从端割理发生张性破坏起裂压力

p_{djf}：裸眼完井水力压裂从端割理发生剪切破坏起裂压力

$\gamma_{\text{m}i}$：面割理的面法线与第 i 主应力夹角

p_{sf}：煤层射孔完井水力压裂起裂压力

主要参考文献

[1] 包劲青，刘合，张广明，等．分段压裂裂缝扩展规律及其对导流能力的影响[J]．石油勘探与开发，2017，44(02)：281-288.

[2] 曹文贵，方祖烈，唐学军．岩石损伤软化统计本构模型之研究[J]．岩石力学与工程学报，1998(06)：628-633.

[3] 曹文贵，莫瑞，李翔．基于正态分布的岩石软硬化损伤统计本构模型及其参数确定方法探讨[J]．岩土工程学报，2007(05)：671-675.

[4] 曹文贵，赵明华，唐学军．岩石破裂过程的统计损伤模拟研究[J]．岩土工程学报，2003(02)：184-187.

[5] 陈勉，陈治喜，黄荣樽．大斜度井水压裂缝起裂研究[J]．石油大学学报(自然科学版)，1995(02)：30-35.

[6] 陈添，汪志明，杨刚．煤岩“T”形缝压裂实验及压力曲线分析[J]．特种油气藏，2013，20(03)：123-126+157.

[7] 程远方，曲连忠，赵益忠，等．考虑尖端塑性的垂直裂缝延伸计算[J]．大庆石油地质与开发，2008(01)：102-105.

[8] 代高飞，尹光志，皮文丽．单轴压缩荷载下煤岩的弹脆性损伤本构模型[J]．同济大学学报(自然科学版)，2004(08)：986-989.

[9] 戴兵，赵国彦，杨晨，等．不同应力路径下岩石峰前卸荷破坏能量特征分析[J]．采矿与安全工程学报，2016，33(02)：367-374.

[10] 冯晴，吴财芳，雷波．沁水盆地煤岩力学特征及其压裂裂缝的控制[J]．煤炭科学技术，2011，39(03)：100-103.

[11] 付裕，陈新，冯中亮．基于 CT 扫描的煤岩裂隙特征及其对破坏形态的影响[J]．煤炭学报，2020，45(02)：568-578.

[12] 高玮，汪磊，杨大勇．岩石损伤演化的能量方法研究[J]．岩石力学与工程学报，2011，30(S2)：4087-4092.

[13] 庚勐，陈浩，陈艳鹏，等．第 4 轮全国煤层气资源评价方法及结果[J]．煤炭科学技术，2018，46(06)：64-68.

[14] 胡廷骏．煤层压裂扩展有限元研究[D]．中国石油大学(北京)，2018.

[15] 黄荣樽．水力压裂裂缝的起裂和扩展[J]．石油勘探与开发，1981(05)：62-74.

[16] 贾丹．煤层脉动压裂应力与损伤演化规律研究[D]．东北石油大学，2019.

[17] 蒋维，邓建，李隐．基于对数正态分布的岩石损伤本构模型研究[J]．地下空间与工程学

报，2010，6(06)：1190-1194.
[18] 姜文利，叶建平，乔德武．煤层气多分支水平井的最新进展及发展趋势[J]．中国矿业，2010，19(01)：101-103.
[19] 金衍，陈勉，张旭东．天然裂缝地层斜井水力裂缝起裂压力模型研究[J]．石油学报，2006(05)：124-126.
[20] 金衍，张旭东，陈勉．天然裂缝地层中垂直井水力裂缝起裂压力模型研究[J]．石油学报，2005(06)：113-114+118.
[21] 雷群，胥云，蒋廷学，等．用于提高低-特低渗透油气藏改造效果的缝网压裂技术[J]．石油学报，2009，30(02)：237-241.
[22] 李同林．煤岩层水力压裂造缝机理分析[J]．天然气工业，1997(04)：62-65+7.
[23] 李志刚，付胜利，乌效鸣，等．煤岩力学特性测试与煤层气井水力压裂力学机理研究[J]．石油钻探技术，2000(03)：10-13.
[24] 李海波，刘黎旺，李晓锋，等．全伺服式中等应变率三轴试验系统的研制及应用[J]．岩石力学与工程学报，2022，41(02)：217-227.
[25] 李玉伟．割理煤岩力学特性与压裂起裂机理研究[D]．东北石油大学，2014.
[26] 李玉伟，艾池．煤层气直井水力压裂裂缝起裂模型研究[J]．石油钻探技术，2015，43(04)：83-90.
[27] 柳贡慧，李玉顺．考虑地应力影响下的射孔初始方位角的确定[J]．石油学报，2001(01)：105-108+1-0.
[28] 刘乃震，张兆鹏，邹雨时，等．致密砂岩水平井多段压裂裂缝扩展规律[J]．石油勘探与开发，2018，45(06)：1059-1068.
[29] 刘宝琛，张家生，杜奇中，等．岩石抗压强度的尺寸效应[J]．岩石力学与工程学报，1998(06)：611-614.
[30] 刘恺德，刘泉声，朱元广，等．考虑层理方向效应煤岩巴西劈裂及单轴压缩试验研究[J]．岩石力学与工程学报，2013，32(02)：308-316.
[31] 罗天雨，郭建春，赵金洲，等．斜井套管射孔破裂压力及起裂位置研究[J]．石油学报，2007(01)：139-142.
[32] 聂翠平，兰剑平，王祖文，等．井下低频水力脉动压裂技术及其应用[J]．钻采工艺，2021，44(02)：38-42.
[33] 潘一山，罗浩，肖晓春，等．三轴条件下含瓦斯煤力电感应规律的试验研究[J]．煤炭学报，2012，37(06)：918-922.
[34] 任岚，赵金洲，胡永全，等．裂缝性储层射孔井水力裂缝张性起裂特征分析[J]．中南大学学报(自然科学版)，2013，44(02)：707-713.
[35] 宋红华，赵毅鑫，姜耀东，等．单轴受压条件下煤岩非均质性对其破坏特征的影响[J]．煤炭学报，2017，42(12)：3125-3132.
[36] 苏现波．煤层气储集层的孔隙特征[J]．焦作工学院学报，1998(01)：9-14.
[37] 孙晗森．我国煤层气压裂技术发展现状与展望[J]．中国海上油气，2021，33(04)：120-128.

[38] 孙钦平，赵群，姜馨淳，等．新形势下中国煤层气勘探开发前景与对策思考[J]．煤炭学报，2021，46(1)：12.
[39] 唐鹏程，郭平，杨素云，等．煤层气成藏机理研究[J]．中国矿业，2009，18(02)：94-97.
[40] 唐书恒，朱宝存，颜志丰．地应力对煤层气井水力压裂裂缝发育的影响[J]．煤炭学报，2011，36(01)：65-69.
[41] 王晓亮．煤层瓦斯流动理论模拟研究[D]．太原理工大学，2003.
[42] 王天一，易新斌，卢海兵．中国煤层气压裂技术应用现状及发展方向[C]//2016 年煤层气学术研讨会论文集．2016：271-276.
[43] 翁定为，雷群，胥云，等．缝网压裂技术及其现场应用[J]．石油学报，2011，32(02)：280-284.
[44] 武鹏飞．煤岩复合体水压致裂裂纹扩展规律试验研究[D]．太原理工大学，2017.
[45] 武彬宁，彭少涛，孙斌，等．全可溶桥塞在煤层气井分层压裂工艺中的应用[J]．天然气工业，2018，38(S1)：118-122.
[46] 吴晓东，席长丰，王国强．煤层气井复杂水力压裂裂缝模型研究[J]．天然气工业，2006(12)：124-126+206-207.
[47] 吴基文，樊成．煤块抗拉强度的套筒致裂法实验室测定[J]．煤田地质与勘探，2003(01)：17-19.
[48] 鲜保安，王玺．裸眼洞穴完井技术及作用机理分析[J]．中国煤层气，1995(02)：68-70.
[49] 谢和平，鞠杨，黎立云，等．岩体变形破坏过程的能量机制[J]．岩石力学与工程学报，2008(09)：1729-1740.
[50] 谢和平，彭瑞东，鞠杨．岩石变形破坏过程中的能量耗散分析[J]．岩石力学与工程学报，2004(21)：3565-3570.
[51] 谢和平，彭瑞东，鞠杨，等．岩石破坏的能量分析初探[J]．岩石力学与工程学报，2005(15)：2603-2608.
[52] 杨圣奇，徐卫亚，苏承东．大理岩三轴压缩变形破坏与能量特征研究[J]．工程力学，2007(01)：136-142.
[53] 尤明庆，华安增．岩石试样单轴压缩的破坏形式与承载能力的降低[J]．岩石力学与工程学报，1998(03)：292-296.
[54] 张国凯，李海波，夏祥，等．岩石单轴压缩下能量与损伤演化规律研究[J]．岩土力学，2015，36(S1)：94-100.
[55] 张林，赵喜民，刘池洋，等．沉积作用对水力压裂裂缝缝长的限制作用[J]．石油勘探与开发，2008(02)：201-204.
[56] 张国华．本煤层水力压裂致裂机理及裂隙发展过程研究[D]．辽宁工程技术大学，2004.
[57] 张广清，殷有泉，陈勉，等．射孔对地层破裂压力的影响研究[J]．岩石力学与工程学报，2003(01)：40-44.
[58] 张明，李仲奎，苏霞．准脆性材料弹性损伤分析中的概率体元建模[J]．岩石力学与工程学报，2005(23)：4282-4288.

[59] 张明，卢裕杰，杨强．准脆性材料的破坏概率与强度尺寸效应[J]．岩石力学与工程学报，2010，29(09)：1782-1789.

[60] 张志镇，高峰．单轴压缩下红砂岩能量演化试验研究[J]．岩石力学与工程学报，2012，31(05)：953-962.

[61] 张洪，何爱国，杨风斌，等．"U"形井开发煤层气适应性研究[J]．中外能源，2011，16(12)：33-36.

[62] 杨永明，鞠杨，陈佳亮，等．三轴应力下致密砂岩的裂纹发育特征与能量机制[J]．岩石力学与工程学报，2014，33(04)：691-698.

[63] 尹光志，李文璞，李铭辉，等．不同加卸载条件下含瓦斯煤力学特性试验研究[J]．岩石力学与工程学报，2013，32(05)：891-901.

[64] 余雄鹰，邢纪国，汪先迎．斜井的破裂压力和裂缝方位[J]．江汉石油学院学报，1994(01)：57-58+58-61.

[65] 赵海峰，陈勉，金衍，等．页岩气藏网状裂缝系统的岩石断裂动力学[J]．石油勘探与开发，2012，39(04)：465-470.

[66] 赵金洲，任岚，胡永全，等．裂缝性地层射孔井破裂压力计算模型[J]．石油学报，2012，33(05)：841-845.

[67] 赵金洲，任岚，胡永全，等．裂缝性地层水力裂缝张性起裂压力分析[J]．岩石力学与工程学报，2013，32(S1)：2855-2862.

[68] 周加佳．水平井分段压裂技术在煤层气开发中的应用实践[J]．中国煤炭地质，2019，31(08)：27-30.

[69] 邹才能，杨智，黄士鹏，等．煤系天然气的资源类型、形成分布与发展前景[J]．石油勘探与开发，2019，46(3)：10.

[70] 左建平，谢和平，吴爱民，等．深部煤岩单体及组合体的破坏机制与力学特性研究[J]．岩石力学与工程学报，2011，30(01)：84-92.

[71] Aghighi M A, Rahman S S. Initiation of a Secondary Hydraulic Fracture and Its Interaction with the Primary Fracture[J]. International Journal of Rock Mechanics and Mining Sciences, 2010, 47(5): 714-722.

[72] Ahmed U. Fracture Height Prediction[J]. Journal of Petroleum Technology, 1988, 40(07): 813-815.

[73] Ai C, Zhang J, Li Y W, et al. Estimation Criteria for Rock Brittleness Based on Energy Analysis During the Rupturing Process[J]. Rock Mechanics & Rock Engineering, 2016, 49(12): 4681-4698.

[74] Altindag R. Correlation of specific energy with rock brittleness concepts on rock cutting[J]. Journal of the Southern African Institute of Mining and Metallurgy, 2003, 103(3): 163-171.

[75] Andreev G E. Brittle Failure of Rock Materials[M]. CRC Press, 1995.

[76] Bird W W, Martin J B. A secant approximation for holonomic elastic—plastic incremental analysis with a von Mises yield condition[J]. Engineering Computations, 1986, 3(3): 192-201.

[77] Bowie O L, Tracy P G. On the Solution of the Dugdale Model[J]. Engineering Fracture Me-

chanics, 1978, 10(2): 249-256.

[78] Chuprakov D A, Akulich A V, Siebrits E, et al. Hydraulic-Fracture Propagation in a Naturally Fractured Reservoir[J]. SPE Production & Operations, 2011, 26(01): 88-97.

[79] Chuprakov D A, Zhubayev A S. A Variational Approach to Analyze a Natural Fault with Hydraulic Fracture Based on the Strain Energy Density Criterion[J]. Theoretical and Applied Fracture Mechanics, 2010, 53(3): 221-232.

[80] Coates D F, Parsons R C. Experimental Criteria for Classification of Rock Substances[J]. International Journal of Rock Mechanics and Mining Sciences & Geomechanics Abstracts, 1966, 3(3): 181-189.

[81] Dugdale D S. Yielding of steel plates containing slits [J]. Journal of the Mechanics and Physics of Solids, 1960, 8(2): 100-104.

[82] Krajcinovic D, Silva M A G. Statistical aspects of the continuous damage theory [J]. International Journal of Solids and Structures, 1982, 18(7): 551-562.

[83] Economides M J. Petroleum Production Systems[J]. 1994.

[84] Erdoga F. On the Crack Extension in Plates Under Plane Loading and Transverse Shear[J]. J Basic Eng, 1997, 12.

[85] Fallahzadeh S, Shadizadeh R S, Pourafshary P . Dealing With the Challenges of Hydraulic Fracture Initiation in Deviated-Cased Perforated Boreholes[C]// Trinidad and Tobago Energy Resources Conference. Society of Petroleum Engineers, 2010.

[86] Meng F, Zhou H, Zhang C, et al. Evaluation methodology of brittleness of rock based on post-peak stress-strain curves[J]. Rock Mechanics and Rock Engineering, 2015, 48(5): 1787-1805.

[87] Figueiredo B, Tsang C F, Rutqvist J, et al. Study of hydraulic fracturing processes in shale formations with complex geological settings[J]. Journal of Petroleum Science and Engineering, 2017, 152: 361-374.

[88] Flewelling S A, Tymchak M P, Warpinski N. Hydraulic fracture height limits and fault interactions in tight oil and gas formations[J]. Geophysical Research Letters, 2013, 40(14): 3602-3606.

[89] Frantziskonis G, Desai C S . Constitutive model with strain softening[J]. International Journal of Solids & Structures, 1987, 23(6): 733-750.

[90] Grieser W V, Bray J M. Identification of production potential in unconventional reservoirs[C]// Production and Operations Symposium. OnePetro, 2007.

[91] Gu H, Siebrits E. Effect of formation modulus contrast on hydraulic fracture height containment [J]. SPE Production & Operations, 2008, 23(02): 170-176.

[92] Zhang G Q, Chen M. Complex fracture shapes in hydraulic fracturing with orientated perforations [J]. Petroleum Exploration and Development, 2009, 36(1): 103-107.

[93] Guo Z, Chapman M, Li X. Exploring the effect of fractures and microstructure on brittleness index in the Barnett Shale[M]//SEG Technical Program Expanded Abstracts 2012. Society of Ex-

ploration Geophysicists, 2012: 1-5.

[94] Haimson B, Fa Irhurst C. Initiation and Extension of Hydraulic Fractures in Rocks[J]. Society of Petroleum Engineers Journal, 1967, 7(6): 310-318.

[95] Hajiabdolmajid V, Kaiser P. Brittleness of rock and stability assessment in hard rock tunneling [J]. Tunnelling & Underground Space Technology Incorporating Trenchless Technology Research, 2003, 18(1): 35-48.

[96] Hayes D J, Williams J G. A practical method for determining Dugdale model solutions for cracked bodies of arbitrary shape[J]. International Journal of Fracture, 1972, 8(3): 239-256.

[97] Changrong, HE, Seisuke, et al. A Study of the Class II Behaviour of Rock[J]. Rock Mechanics and Rock Engineering, 1990, 23(4): 261-273.

[98] Xia H Q, Yang S D, Gong H H, et al. Research on Rock Brittleness Experiment and Logging Prediction of Hydraulic Fracture Height & Width[J]. Journal of Southwest Petroleum University (Science & Technology Edition), 2013, 35(4): 81.

[99] Hossain M M, Rahman M K, Rahman S S. Hydraulic fracture initiation and propagation: roles of wellbore trajectory, perforation and stress regimes[J]. 2000, 27(3-4): 129-149.

[100] Hou B, Chen M, Wang Z, et al. Hydraulic Fracture Initiation Theory for a Horizontal Well in a Coal Seam[J]. Petroleum Science, 2013, 10(2): 219-225.

[101] Howard I C, Otter N R. On the elastic-plastic deformation of a sheet containing an edge crack [J]. Journal of the Mechanics & Physics of Solids, 1975, 23(2): 139-149.

[102] Hubbert M K, Willis D. Mechanics of Hydraulic Fracturing[J]. Transactions of the AIME, 1957, 210(01): 153-168.

[103] Hucka V, Das B. Brittleness Determination of Rocks by Different Methods[J]. International Journal of Rock Mechanics and Mining Sciences & Geomechanics Abstracts, 1974, 11(10): 389-392.

[104] Jaeger J C, Cook N G W, Zimmerman R. Fundamentals of rock mechanics[M]. John Wiley & Sons, 2009.

[105] Jarvie D M, Hill R J, Ruble T E, et al. Unconventional shale-gas systems: The Mississippian Barnett Shale of north-central Texas as one model for thermogenic shale-gas assessment[J]. AAPG bulletin, 2007, 91(4): 475-499.

[106] Jeffrey R G, Zhang X, Thiercelin M J. Hydraulic fracture offsetting in naturally fractures reservoirs: quantifying a long-recognized process[C]//SPE hydraulic fracturing technology conference. OnePetro, 2009.

[107] Jin X, Shah S N, Roegiers J C, et al. Fracability evaluation in shale reservoirs-an integrated petrophysics and geomechanics approach[C]//SPE hydraulic fracturing technology conference. OnePetro, 2014.

[108] Zhang J, Ai C, Li Y W, et al. Brittleness evaluation index based on energy variation in the whole process of rock failure[J]. Chinese Journal of Rock Mechanics and Engineering, 2017, 36(6): 1326-1340.

[109] Fisher K, Warpinski N. Hydraulic-Fracture-Height Growth: Real Data[J]. SPE production & operations, 2012, 27(1): 8-19.

[110] Labudovic V. The effect of Poisson's ratio on fracture height[J]. Journal of petroleum technology, 1984, 36(02): 287-290.

[111] Laubach S E, Marrett R A, Olson J E, et al. Characteristics and Origins of Coal Cleat: A Review[J]. International Journal of Coal Geology, 1998, 35(1): 175-207.

[112] Lawn B R, Marshall D B. Hardness, toughness, and brittleness: an indentation analysis[J]. Journal of the American ceramic society, 1979, 62(7-8): 347-350.

[113] Li Q H, Chen M, Jin Y, et al. Indoor evaluation method for shale brittleness and improvement [J]. Chinese Journal of Rock Mechanics and Engineering, 2012, 31(8): 1680-1685.

[114] Li S C, Xu J, Tao Y Q, et al. Study on damages constitutive model of rocks based on lognormal distribution[J]. Journal of China Coal Society, 2007, 13(4): 430-433.

[115] Li Y W, Zhang J, Liu Y. Effects of Loading Direction on Failure Load Test Results for Brazilian Tests on Coal Rock[J]. Rock Mechanics and Rock Engineering, 2016, 49(6): 2173-2180.

[116] Li Y W, Jia D, Liu J, et al. The calculation method based on the equivalent continuum for the fracture initiation pressure of fracturing of coalbed methane well[J]. Journal of Petroleum Science and Engineering, 2016, 146: 909-920

[117] Li Y W, Jia D, Rui Z H, et al. Evaluation method of rock brittleness based on statistical constitutive relations for rock damage[J]. Journal of Petroleum Science and Engineering, 2017, 153: 123-132.

[118] Li Y W, Jia D, Wang M, et al. Hydraulic fracturing model featuring initiation beyond the wellbore wall for directional well in coal bed[J]. Journal of Geophysics and Engineering, 2016, 13(4): 536-548.

[119] Li Y W, Long M, Zuo L H, et al. Brittleness evaluation of coal based on statistical damage and energy evolution theory[J]. Journal of Petroleum Science and Engineering, 2019, 172: 753-763.

[120] Li Y W, Yang S, Zhao W C, et al. Experimental of hydraulic fracture propagation using fixed-point multistage fracturing in a vertical well in tight sandstone reservoir[J]. Journal of Petroleum Science and Engineering, 2018, 171: 704-713.

[121] Liu S, Valkó P P. A rigorous hydraulic-fracture equilibrium-height model for multilayer formations[J]. SPE Production & Operations, 2018, 33(02): 214-234.

[122] Liu S, Valkó P P. An improved equilibrium-height model for predicting hydraulic fracture height migration in multi-layer formations[C]//SPE Hydraulic Fracturing Technology Conference. OnePetro, 2015.

[123] Laboratory measurements of brittleness anisotropy in synthetic shale with different cementation

[124] Mazars J, Pijaudier-Cabot G. Continuum damage theory—application to concrete[J]. Journal of engineering mechanics, 1989, 115(2): 345-365.

[125] Munoz H, Taheri A, Chanda E K. Fracture energy-based brittleness index development and brittleness quantification by pre-peak strength parameters in rock uniaxial compression[J]. Rock Mechanics and Rock Engineering, 2016, 49(12): 4587-4606.

[126] Newberry B M, Nelson R F, Ahmed U. Prediction of vertical hydraulic fracture migration using compressional and shear wave slowness[C]//SPE/DOE Low Permeability Gas Reservoirs Symposium. OnePetro, 1985.

[127] Quinn J B, Quinn G D. Indentation brittleness of ceramics: a fresh approach[J]. Journal of Materials Science, 1997, 32(16): 4331-4346.

[128] Rickman R, Mullen M J, Petre J E, et al. A practical use of shale petrophysics for stimulation design optimization: All shale plays are not clones of the Barnett Shale[C]//SPE annual technical conference and exhibition. OnePetro, 2008.

[129] Rybacki E, Meier T, Dresen G. What controls the mechanical properties of shale rocks? - Part II: Brittleness[J]. Journal of Petroleum Science and Engineering, 2016, 144: 39-58.

[130] Salmachi A, Rajabi M, Wainman C, et al. History, geology, in situ stress pattern, gas content and permeability of coal seam gas basins in Australia: A review[J]. Energies, 2021, 14(9): 2651.

[131] Sharma A, Chen H Y, Teufel L W. Flow-induced stress distribution in a multi-rate and multi-well reservoir[C]//SPE Rocky Mountain Regional/Low-Permeability Reservoirs Symposium. OnePetro, 1998.

[132] Simonson E R, Abou-Sayed A S, Clifton R J. Containment of massive hydraulic fractures[J]. Society of Petroleum Engineers Journal, 1978, 18(01): 27-32.

[133] Sun S Z, Wang K N, Yang P, et al. Integrated prediction of shale oil reservoir using pre-stack algorithms for brittleness and fracture detection[C]//International Petroleum Technology Conference. OnePetro, 2013.

[134] Tang J Z, Wu K. A 3-D model for simulation of weak interface slippage for fracture height containment in shale reservoirs[J]. International Journal of Solids and Structures, 2018, 144: 248-264.

[135] Tarasov B G, Potvin Y. Absolute, relative and intrinsic rock brittleness at compression[J]. Mining Technology, 2012, 121(4): 218-225.

[136] Theocaris P S. Dugdale models for two collinear unequal cracks[J]. Engineering Fracture Mechanics, 1983, 18(3): 545-559.

[137] Zhou J, Jin Y, Chen M. Experimental investigation of hydraulic fracturing in random naturally fractured blocks[J]. International Journal of Rock Mechanics and Mining Sciences, 2010, 7(47): 1193-1199.

[138] Wang Z L, Li Y C, Wang J G. A damage-softening statistical constitutive model considering rock residual strength[J]. Computers & Geosciences, 2007, 33(1): 1-9.

[139] Wang Z W, Liu S M, Qin Y. Coal wettability in coalbed methane production: A critical review[J]. Fuel, 2021, 303: 121277.

[140] Warpinski N R, Moschovidis Z A, Parker C D, et al. Comparison study of hydraulic fracturing models—test case: GRI staged field Experiment No. 3 (includes associated paper 28158)[J]. SPE Production & Facilities, 1994, 9(01): 7-16.

[141] Weng X, Kresse O, Cohen C, et al. Modeling of hydraulic-fracture-network propagation in a naturally fractured formation[J]. SPE Production & Operations, 2011, 26(04): 368-380.

[142] Xia Y J, Li L C, Tang C A, et al. A New Method to Evaluate Rock Mass Brittleness Based on Stress-Strain Curves of Class I[J]. Rock Mechanics and Rock Engineering, 2017, 50(5): 1123-1139.

[143] Xie H P, Ju Y, Li L Y. Criteria for strength and structural failure of rocks based on energy dissipation and energy release principles [J]. Chinese Journal of Rock Mechanics and Engineering, 2005, 24(17): 3003-3010.

[144] Yew C H, Li Y. Fracturing of a deviated well[J]. SPE production engineering, 1988, 3(04): 429-437.

[145] LI Y W, AI C. Hydraulic fracturing fracture initiation model for a vertical CBM well [J]. Petroleum Drilling Techniques, 2015, 43(4) : 83-90.

[146] Zhang G Q, Chen M. The relationship between the production rate and initiation location of new fractures in a refractured well[J]. Petroleum Science and Technology, 2010, 28(7): 655-666.

[147] Zhang J, Li X X, Li Y W, et al. Experimental research and numerical simulation: strength and rupture patterns of coal under Brazilian tensile test[J]. International Journal of Oil, Gas and CoalTechnology, 2021, 26(2) : 225-244.

[148] Zhang J, Ai C, Li Y W, et al. Energy-based brittleness index and acoustic emission characteristics of anisotropic coal under triaxial stress condition[J]. Rock Mechanics and Rock Engineering, 2018, 51(11): 3343-3360.

[149] Zhu H Y, Deng J G, Jin X C, et al. Hydraulic fracture initiation and propagation from wellbore with oriented perforation[J]. Rock Mechanics and Rock Engineering, 2015, 48(2): 585-601.